Bulbi Fioriti: Arte e Scienza del Giardinaggio

Tecniche sostenibili e consigli esperti per coltivare e mantenere le tue piante bulbose

Di Emily

Copyright © 2023 di Emily

Tutti i diritti riservati.

Nessuna parte di questo libro può essere riprodotta in qualsiasi forma senza il permesso scritto dell'editore o dell'autore, ad eccezione di quanto consentito dalla legge sul copyright italiana

Capitolo 1: Introduzione ai Bulbi Fioriti 5
1.1 Definizione e Tipologie di Bulbi 5
1.2 Storia e Cultura dei Bulbi 9
Capitolo 2: Botanica dei Bulbi 44
2.1 Morfologia del Bulbo 44
2.2 Processi di Fioritura 48
Capitolo 3: Classificazione dei Bulbi Fioriti 51
3.1 Bulbi Primaverili 51
3.2 Bulbi Estivi 55
3.3 Bulbi Autunnali 59
3.4 Bulbi Invernali 62
Capitolo 4: Coltivazione e Cura dei Bulbi 65
4.1 Preparazione del Terreno 65
4.2 Piantagione dei Bulbi 68
4.3 Irrigazione e Nutrizione 74
Capitolo 5: Problemi e Soluzioni nella Coltivazione dei Bulbi 77
5.1 Malattie Comuni 77
5.2 Parassiti dei Bulbi 86
5.3 Problemi Ambientali 104
5.4 Stress termico 106
Capitolo 6: Propagazione dei Bulbi 108
6.1 Tecniche di Propagazione 108
6.2 Conservazione dei Bulbi 120
Capitolo 7: Uso dei Bulbi Fioriti in Giardino 122
7.1 Progettazione del Giardino 122
7.2 Bulbi in Vaso e Contenitori 127
Capitolo 8: Aspetti Ecologici e Sostenibilità 132

8.1 Impatto Ambientale dei Bulbi 132
8.2 Conservazione della Biodiversità 137

Appendici 149

A1: Tabelle delle Esigenze dei Bulbi 149

A2: Glossario dei Termini Botanici 152

Capitolo 1: Introduzione ai Bulbi Fioriti

1.1 Definizione e Tipologie di Bulbi

Bulbi Veri e Propri

I bulbi veri e propri sono strutture di riserva sotterranee composte da foglie modificate chiamate "tuniche" o "scaglie". Queste foglie immagazzinano nutrienti necessari per la crescita e la fioritura della pianta.

Caratteristiche:

Tunica: Copertura esterna secca che protegge il bulbo.

Scaglie carnose: Strati interni che immagazzinano nutrienti.

Gemma centrale: Da cui si sviluppano i fiori e le foglie.

Base del bulbo: Da cui si sviluppano le radici.

Esempi Comuni:

Tulipani (Tulipa spp.): Famosi per i loro vivaci colori e le varietà decorative.

Narcisi (Narcissus spp.): Noti per i fiori a forma di tromba e il profumo delicato.

Giacinti (Hyacinthus spp.): Conosciuti per le infiorescenze dense e profumate.

Ciclo Vitale:

Dormienza: Il bulbo riposa sottoterra durante l'inverno.

Germinazione: In primavera, il bulbo utilizza le riserve per produrre foglie e fiori.

Fioritura: I fiori sbocciano e la pianta fotosintetizza.

Post-fioritura: Le foglie raccolgono nutrienti per il prossimo ciclo e il bulbo ritorna in dormienza.

Cormi

I cormi sono strutture di riserva simili ai bulbi, ma sono composti da tessuto solido e non da foglie modificate. Essi sono in genere più piatti e più duri rispetto ai bulbi veri e propri.

Caratteristiche:

Tessuto compatto: Accumula nutrienti per la crescita.

Tunica: Strato esterno secco e protettivo.

Gemma apicale: Da cui emergono fiori e foglie.

Radici contrattive: Aiutano a mantenere il cormo alla giusta profondità.

Esempi Comuni:

Crochi (Crocus spp.): Conosciuti per la fioritura precoce e i fiori a coppa.

Gladioli (Gladiolus spp.): Apprezzati per le infiorescenze alte e colorate.

Ciclo Vitale:

Dormienza: Il cormo riposa durante la stagione avversa.

Germinazione: In primavera o in estate, il cormo usa le sue riserve per produrre nuove piante.

Fioritura: I fiori emergono e la pianta fotosintetizza.

Moltiplicazione: I cormi producono nuovi cormetti alla base che cresceranno negli anni successivi.

Rizomi

I rizomi sono fusti sotterranei orizzontali che immagazzinano nutrienti e possono dare origine a nuove piante. Essi si espandono lateralmente e possono colonizzare ampie aree.

Caratteristiche:

Crescita orizzontale: Si estendono lateralmente sotto terra.

Gemme: Producono nuove foglie, fusti e radici.

Segmenti modulari: Ogni segmento può generare una nuova pianta.

Esempi Comuni:

Iris (Iris spp.): Conosciuti per i fiori eleganti e variopinti.

Zenzero (Zingiber officinale): Utilizzato in cucina e medicina per il suo rizoma aromatico.

Ciclo Vitale:

Espansione: Il rizoma si estende lateralmente e produce nuove piante.

Crescita e Fioritura: Le nuove piante emergono e fioriscono.

Propagazione: Il rizoma continua a crescere, diffondendosi ulteriormente.

Tuberi

I tuberi sono strutture di riserva ispessite e carnose, ricche di nutrienti, che si sviluppano da parti della pianta come il fusto o le radici.

Caratteristiche:

Tessuto carnoso: Ricco di amido e altri nutrienti.

Gemme (occhi): Da cui possono svilupparsi nuove piante.

Superficie irregolare: Spesso con occhi o nodi.

Esempi Comuni:

Dalie (Dahlia spp.): Famosi per i fiori spettacolari e variopinti.

Patate (Solanum tuberosum): Coltivate per i loro tuberi commestibili.

Ciclo Vitale:

Dormienza: I tuberi riposano durante la stagione sfavorevole.

Germinazione: In primavera, i tuberi germogliano e producono nuove piante.

Crescita e Fioritura: La pianta utilizza le riserve del tubero per crescere e fiorire.

Formazione di Nuovi Tuberi: Durante la stagione di crescita, si formano nuovi tuberi che riprenderanno il ciclo l'anno successivo.

1.2 Storia e Cultura dei Bulbi

Origini Storiche:

I bulbi fioriti hanno una lunga storia che risale a migliaia di anni fa. La loro coltivazione e apprezzamento possono essere tracciati fino alle antiche civiltà.

Gli antichi Egizi furono tra i primi a coltivare piante bulbose nei loro giardini, sfruttando il fertile terreno della valle del Nilo. Le piante bulbose, tra cui i gigli, erano particolarmente apprezzate per la loro bellezza e versatilità.

Tra i gigli coltivati dagli Egizi vi erano probabilmente il giglio bianco (Lilium candidum) e altre specie locali. Questi gigli erano amati per i loro grandi fiori bianchi e il loro profumo intenso.

I gigli venivano piantati in giardini e orti, spesso in prossimità delle abitazioni e dei templi. Gli Egizi sfruttavano la tecnica di irrigazione a canali per mantenere umido il terreno e favorire la crescita delle piante.

Altre Piante Bulbose:

Iris (Iris spp.): L'iris era un'altra pianta bulbosa coltivata dagli Egizi, nota per i suoi fiori vivaci e la sua eleganza.

Cipolla (Allium cepa): Anche se non solo ornamentale, la cipolla era coltivata per scopi alimentari e medicinali.

I fiori avevano un ruolo centrale nella cultura e nella religione egizia, essendo usati in vari contesti rituali e simbolici.

I gigli erano associati alla purezza e alla rinascita, temi fondamentali nella religione egizia. Il loro ciclo di crescita e fioritura rappresentava la rigenerazione e l'eternità.

I fiori di giglio e altri bulbosi erano spesso offerti agli dei durante cerimonie religiose. Erano collocati sugli altari dei templi e utilizzati nelle processioni sacre.

I gigli erano usati nei riti funebri per adornare le tombe e i sarcofagi. Rappresentavano la promessa di vita dopo la morte e la resurrezione.

I fiori di giglio venivano utilizzati per creare ghirlande e corone indossate durante le celebrazioni e i banchetti.

I fiori erano utilizzati per decorare sia gli spazi sacri che quelli domestici. Erano disposti in vasi e spesso sostituivano il profumo nei luoghi di culto.

I motivi floreali, inclusi i gigli, erano comunemente raffigurati nei dipinti murali e nei bassorilievi delle tombe e dei templi. Questi disegni non solo abbellivano gli ambienti, ma rappresentavano anche simboli di fertilità e abbondanza.

I dipinti murali trovati nelle tombe egizie offrono una testimonianza visiva del valore attribuito ai fiori e alle piante bulbose.

I gigli sono spesso raffigurati in mano ai defunti o agli dei, simboleggiando purezza e regalità. Sono rappresentati con dettagli intricati, evidenziando l'importanza estetica e simbolica dei fiori.

Molti dipinti murali mostrano giardini ben curati con laghetti, alberi e piante bulbose. Questi giardini rappresentano non solo luoghi di bellezza e serenità, ma anche il paradiso nell'aldilà.

Nei dipinti, i partecipanti ai banchetti funebri spesso indossano ghirlande di fiori, inclusi i gigli, simbolizzando il ciclo di vita e morte.

I fiori sono posti sulle mummie e nei sarcofagi, come segno di rispetto e come augurio di rinascita per l'anima del defunto.

I Greci e i Romani coltivavano varie piante bulbose, tra cui gigli, narcisi e zafferano (Crocus sativus).

Gigli (Lilium spp.):

I Greci e i Romani coltivavano diverse varietà di gigli nei loro giardini e negli spazi pubblici. I gigli erano apprezzati per la loro bellezza, varietà di colori e profumo incantevole.

I gigli venivano utilizzati per adornare feste, matrimoni e spazi sacri. Erano parte integrante delle decorazioni floreali e delle ghirlande indossate durante le celebrazioni.

Nei miti e nelle leggende greche e romane, i gigli erano spesso associati a divinità come Artemide (Diana) e Apollo, e simboleggiavano purezza, fertilità e rinascita.

Narcisi (Narcissus spp.):

I narcisi, con i loro fiori a forma di tromba e il profumo delicato, erano coltivati sia dai Greci che dai Romani. Erano particolarmente popolari nei giardini delle ville aristocratiche.

I narcisi venivano utilizzati in medicina per le loro presunte proprietà curative, oltre che per scopi decorativi. Le loro corolle erano spesso usate per fare profumi e oli essenziali.

Il mito di Narciso, il giovane che si innamorò del proprio riflesso in uno specchio d'acqua, ha reso il narciso un simbolo di vanità e amore non corrisposto. Tuttavia, il fiore era anche associato a concetti di primavera e rinascita.

Zafferano (Crocus sativus):

Il Crocus sativus, da cui si ottiene lo zafferano, era coltivato per i suoi stimmi, utilizzati come spezia, colorante e medicina. La sua coltivazione richiedeva cure particolari e attenzione, ma produceva una delle spezie più preziose dell'antichità.

Lo zafferano veniva utilizzato in cucina per aggiungere colore e aroma ai piatti, nonché in medicina per le sue presunte proprietà terapeutiche. Era anche un ingrediente comune in profumi e un simbolo di lusso e ricchezza.

Lo zafferano era un bene prezioso nel mondo antico, scambiato lungo le rotte commerciali e utilizzato in varie cerimonie e rituali religiosi. Era associato a concetti di fertilità, abbondanza e benessere.

Oltre al loro valore estetico, i gigli, i narcisi e lo zafferano erano ampiamente utilizzati per scopi medicinali e culinari.

I bulbi e i fiori di queste piante venivano utilizzati in medicina tradizionale per trattare una varietà di disturbi, tra cui problemi gastrointestinali, dolori reumatici e disturbi del sonno.

Gli estratti di giglio e narciso venivano spesso utilizzati come sedativi e tonici, mentre lo zafferano era noto per le sue proprietà antiossidanti e antinfiammatorie.

Lo zafferano era un ingrediente comune in molte ricette greche e romane, utilizzato per colorare e insaporire piatti come risotti, salse e dolci.

I bulbi di giglio e narciso, sebbene non comunemente consumati, venivano talvolta aggiunti a cibi e bevande come aromatizzanti o decorazioni.

L'eredità delle coltivazioni di gigli, narcisi e zafferano da parte dei Greci e dei Romani continua a influenzare la nostra cultura e le nostre tradizioni oggi.

I gigli e i narcisi sono ancora popolari come fiori da giardino e fiori recisi, mentre lo zafferano rimane una delle spezie più pregiate e costose al mondo.

Le storie mitologiche e i simboli associati a queste piante continuano a ispirare artisti, scrittori e designer.

La medicina moderna continua a studiare le potenziali proprietà terapeutiche di queste piante, integrandole in farmaci e rimedi naturali.

In Cina, i bulbi di giglio erano coltivati sia per i fiori che per i bulbi commestibili. I narcisi erano apprezzati anche per il loro valore estetico.

I gigli sono stati coltivati in Cina per secoli per la bellezza dei loro fiori.

In Cina, i gigli erano considerati simboli di purezza, nobiltà e prosperità.

Erano spesso coltivati nei giardini delle case, nei templi e nei palazzi imperiali per adornare gli spazi e per scopi ornamentali durante feste e celebrazioni.

In alcune regioni della Cina, i bulbi di giglio, noti anche come "baihe" in cinese, venivano coltivati non solo per i fiori, ma anche per i bulbi commestibili.

I bulbi giovani e teneri dei gigli venivano raccolti e consumati come alimento.

Erano considerati una prelibatezza e facevano parte della cucina tradizionale cinese, utilizzati in piatti come zuppe, insalate e stir-fry.

I narcisi erano ampiamente apprezzati in Cina per la loro bellezza e fragranza.

Erano coltivati nei giardini, nei cortili delle case e nei templi come piante ornamentali.

I fiori dei narcisi erano utilizzati per decorare durante le festività, i matrimoni e le celebrazioni culturali.

In Cina, i narcisi erano simboli di primavera e rinascita, poiché fioriscono tipicamente all'inizio della primavera.

Erano associati a concetti di prosperità, fortuna e buon auspicio.

Il loro profumo delicato e la loro bellezza delicata li rendevano oggetti di ispirazione per poeti, artisti e scrittori cinesi, che spesso li menzionavano nelle loro opere.

Anche oggi, i gigli e i narcisi sono coltivati in Cina per i loro fiori ornamentali.

Le pratiche tradizionali di coltivazione dei gigli per i bulbi commestibili possono essere ancora presenti in alcune comunità rurali, sebbene in misura minore rispetto al passato.

Sebbene il consumo di bulbi di giglio non sia così diffuso come in passato, possono ancora essere utilizzati in alcune regioni cinesi per piatti tradizionali.

I bulbi di giglio possono essere presenti anche in alcune ricette moderne, specialmente in cucina regionale o nelle preparazioni della cucina etnica.

In Cina, vi è un interesse crescente nella ricerca e nella conservazione delle varietà native di gigli e narcisi.

Sforzi sono stati fatti per proteggere e preservare le varietà tradizionali di queste piante, sia per il loro valore culturale che per la biodiversità.

I bulbi fioriti si sono diffusi in tutto il mondo, adattandosi a diverse condizioni climatiche e ambientali.

Europa:

Tulipani (Tulipa spp.):

I tulipani sono originariamente nativi delle regioni dell'Asia centrale, ma sono stati introdotti in Europa nel XVI secolo.

Furono i mercanti olandesi a portare i primi bulbi di tulipano nei Paesi Bassi intorno al 1593.

Inizialmente, i tulipani erano considerati una rarità e un simbolo di status, e il loro valore aumentò rapidamente, portando a un fenomeno noto come la "Tulipomania" nel XVII secolo, quando i prezzi dei bulbi raggiunsero livelli stratosferici.

La "Tulipomania" vide un'enorme speculazione sui prezzi dei bulbi di tulipano, che alla fine portò a una crisi economica nota come "crack dei tulipani".

Nonostante il crollo del mercato, i tulipani rimasero un simbolo di bellezza, prosperità e identità nazionale per i Paesi Bassi, e sono diventati un'icona del paese.

Narcisi (Narcissus spp.):

I narcisi sono piante bulbose native dell'Europa, del Nord Africa e del Medio Oriente.

Sono stati coltivati in Europa sin dall'antichità per i loro fiori primaverili luminosi e profumati.

Giacinti (Hyacinthus spp.):

I giacinti sono originari dell'Asia occidentale e centrale.

Furono introdotti in Europa nel XVI secolo e divennero rapidamente popolari per i loro fiori densi e profumati.

Narcisi e giacinti sono stati ampiamente coltivati nei giardini e nei parchi come fiori ornamentali, e hanno ispirato artisti, poeti e scrittori attraverso i secoli.

I narcisi, in particolare, sono stati spesso associati a concetti di primavera, rinascita e bellezza, apparendo in molte opere d'arte e opere letterarie europee.

In Europa, il collezionismo di bulbi ornamentali divenne una passione diffusa durante il XVII e XVIII secolo.

I giardini dei nobili e dei ricchi borghesi erano spesso pieni di una grande varietà di tulipani, narcisi, giacinti e altre piante bulbose esotiche provenienti da tutto il mondo.

Oggi, la coltivazione di bulbi ornamentali è ancora molto diffusa in Europa, con i Paesi Bassi che rimangono uno dei principali produttori mondiali di tulipani.

I bulbi ornamentali sono coltivati non solo per la loro bellezza nei giardini e nei parchi pubblici, ma anche per la produzione commerciale di fiori recisi e per l'industria del giardinaggio.

In molti paesi europei, ci sono festival e fiere dedicate ai bulbi ornamentali, dove i visitatori possono ammirare una vasta gamma di varietà e partecipare a eventi correlati al giardinaggio e alla cultura.

Ad esempio, nei Paesi Bassi, il "Keukenhof" è uno dei più grandi giardini di bulbi fioriti al mondo, attirando migliaia di visitatori ogni primavera.

I campi di tulipani colorati nei Paesi Bassi sono diventati una delle attrazioni turistiche più iconiche del paese, attirando turisti da tutto il mondo per ammirare i vasti campi fioriti durante la stagione primaverile.

L'eredità dei bulbi ornamentali in Europa è profondamente radicata nella storia, nella cultura e nell'economia del continente. Attraverso i secoli, tulipani, narcisi, giacinti e altre piante bulbose hanno continuato a incantare e ispirare, rimanendo una parte essenziale del paesaggio e dell'immaginario collettivo europeo.

Asia: L'Asia è la patria di numerose piante bulbose, tra cui molte specie di gigli e iris. La regione himalayana e la Cina sono centri di diversità per molte di queste piante.

L'Asia è ricca di diverse specie di gigli, che prosperano in una varietà di habitat, dalle praterie alle foreste montane.

I gigli asiatici sono apprezzati per la loro bellezza e varietà, con fiori che vanno dal bianco puro al rosso intenso e al giallo vivace.

Molte specie di gigli asiatici sono state coltivate e ibridate per produrre una vasta gamma di cultivar e ibridi ornamentali.

L'Iris è un genere molto diversificato con molte specie native dell'Asia.

La regione himalayana, che si estende attraverso Nepal, India, Bhutan, Tibet e Cina occidentale, è particolarmente ricca di specie di iris.

Gli iris asiatici sono noti per i loro fiori colorati e le loro foglie distintive, che li rendono popolari sia nei giardini che nei paesaggi naturali.

La regione himalayana è una delle aree più biodiverse al mondo, con una vasta gamma di habitat che ospitano una ricca flora e fauna.

Qui si trovano molte specie di gigli e iris, che si adattano ai diversi climi e alle variazioni altitudinali della regione.

Queste piante sono fondamentali per gli ecosistemi himalayani, fornendo cibo e habitat per molte specie animali e contribuendo alla bellezza e alla biodiversità della regione.

Dalle pianure costiere alle montagne dell'Himalaya e alle steppe altopiani del Tibet, la Cina ospita una grande varietà di habitat che sostengono una ricca flora bulbosa.

Gigli e iris hanno una lunga storia di utilizzo nella cultura asiatica, sia come piante ornamentali che per scopi rituali e simbolici.

Sono spesso associati a concetti di bellezza, spiritualità, rinascita e buon auspicio, e sono presenti in molte tradizioni religiose e cerimonie.

Le piante bulbose svolgono un ruolo importante negli ecosistemi asiatici, contribuendo alla diversità vegetale e fornendo alimenti e habitat per una varietà di specie animali.

Sono spesso adattate ai rigidi climi montani e alle condizioni ambientali estreme, e svolgono un ruolo cruciale nella conservazione dei suoli e nella prevenzione dell'erosione.

Data la crescente pressione antropica e i cambiamenti ambientali, la conservazione delle piante bulbose asiatiche è diventata una priorità.

Sforzi sono stati fatti per proteggere le aree naturali e promuovere la gestione sostenibile delle risorse vegetali, incluso l'uso responsabile dei bulbi ornamentali.

Gli scienziati stanno studiando la biodiversità delle piante bulbose in Asia, identificando specie minacciate e valutando le minacce ambientali che influenzano i loro habitat.

Il monitoraggio continuo è essenziale per proteggere e preservare la ricca diversità di gigli, iris e altre piante bulbose che arricchiscono i paesaggi asiatici.

Africa: Il Sudafrica è noto per la sua incredibile varietà di piante bulbose, come le amarillidi e le frezie. Queste piante hanno adattamenti unici alle condizioni locali.

Le amarillidi sono una famiglia di piante bulbose che comprende molte specie native dell'Africa, dell'Europa e dell'Asia.

In Africa, il genere Amaryllis è particolarmente prominente, con molte specie che si trovano nelle regioni subtropicali e temperate.

Le amarillidi sono note per i loro fiori sgargianti e vistosi, che fioriscono da fine inverno a primavera, portando un tocco di colore ai paesaggi africani.

Le frezie sono piante bulbose native dell'Africa meridionale, con una concentrazione particolarmente alta di specie in Sudafrica.

Le frezie sono famose per i loro fiori profumati e colorati, che sbocciano in piccoli racemi durante la primavera e l'estate.

Sono ampiamente coltivate per l'industria dei fiori recisi e per il loro valore ornamentale nei giardini e nei paesaggi.

Il Sudafrica è caratterizzato da una grande varietà di habitat, che vanno dalle foreste pluviali costiere ai semi-deserti aridi dell'interno.

Le piante bulbose in Sudafrica hanno sviluppato una serie di adattamenti unici per sopravvivere a queste condizioni ambientali sfavorevoli.

Molte piante bulbose in Sudafrica hanno adattamenti per la sopravvivenza in ambienti aridi, comprese radici profonde che raggiungono l'umidità nel terreno e strati di bulbi che si ritirano nel terreno durante i periodi di siccità.

Il fuoco è una parte integrante degli ecosistemi sudafricani, e molte piante bulbose hanno adattamenti per resistere e prosperare dopo incendi stagionali.

I bulbi possono essere protetti dal fuoco da strati di corteccia spessa o da posizioni profonde nel terreno.

Le piante bulbose in Sudafrica spesso dipendono da specifici insetti o uccelli per la loro pollinizzazione.

Alcune specie hanno sviluppato fiori con forme e colori specializzati per attirare i loro impollinatori, contribuendo alla loro riproduzione e alla loro diversità genetica.

Date le minacce ambientali e l'antropizzazione in corso, la conservazione delle piante bulbose in Sudafrica è diventata una priorità.

Sforzi sono stati fatti per proteggere le aree naturali, promuovere la gestione sostenibile delle risorse vegetali e combattere la raccolta eccessiva delle piante selvatiche.

La coltivazione commerciale delle frezie e di altre piante bulbose in Sudafrica può contribuire all'economia locale, purché sia gestita in modo sostenibile e rispettoso dell'ambiente.

Le pratiche agricole responsabili possono contribuire alla conservazione della biodiversità e alla protezione degli habitat naturali.

Le piante bulbose come le amarillidi e le frezie sono una parte importante del paesaggio naturale e culturale dell'Africa, con il Sudafrica che svolge un ruolo centrale nella loro diversità e conservazione. Attraverso sforzi di conservazione e gestione sostenibile, è possibile garantire che queste piante uniche continueranno a arricchire e ad adornare i paesaggi africani per le generazioni future.

Americhe: Le Americhe ospitano vari tipi di tuberi, come le dalie originarie del Messico e le patate originarie delle Ande. Anche molte specie di gladioli provengono da questa regione.

Le dalie sono originarie del Messico e sono una delle piante bulbose più iconiche delle Americhe.

Le dalie sono ampiamente coltivate per i loro fiori appariscenti e la varietà dei loro colori, forme e dimensioni.

Sono apprezzate sia come fiori recisi che come piante da giardino, e sono una presenza comune nei giardini e nei paesaggi delle Americhe e oltre.

I gladioli sono un genere di piante bulbose native dell'Africa, ma molte specie si sono naturalizzate in varie parti delle Americhe.

I gladioli sono noti per le loro lunghe spighe di fiori verticali, che fioriscono in una varietà di colori vivaci.

Sono popolari sia come fiori recisi che come piante da giardino, e sono coltivati in molte regioni delle Americhe per il loro valore ornamentale.

Le patate sono originarie delle Ande, in Sud America, dove sono state coltivate per migliaia di anni.

Le patate sono state una delle coltivazioni più importanti delle Americhe precolombiane e hanno giocato un ruolo cruciale nella dieta e nell'economia delle popolazioni indigene.

Dopo la scoperta delle Americhe, le patate furono introdotte in Europa e in altre parti del mondo, diventando rapidamente una delle coltivazioni più diffuse e importanti al mondo.

Le patate hanno avuto un impatto profondo sulla storia e sull'economia delle Americhe e del mondo.

La loro coltivazione e il loro consumo hanno contribuito alla crescita delle popolazioni umane e alla diffusione della civiltà in molte parti del mondo.

Le patate sono ancora una coltivazione fondamentale per l'alimentazione umana e per l'economia agricola globale.

Le dalie e i gladioli sono apprezzati non solo per la loro bellezza, ma anche per il loro significato culturale ed economico.

Sono spesso utilizzati in eventi speciali come matrimoni, funerali e celebrazioni, e sono un'importante fonte di reddito per i coltivatori di fiori nelle Americhe e in tutto il mondo.

Data la crescente omogeneizzazione delle coltivazioni e la perdita di biodiversità agricola, c'è un crescente interesse per la conservazione delle varietà tradizionali di patate e altre piante bulbose nelle Americhe.

Sforzi sono stati fatti per preservare le varietà autoctone e promuovere la loro coltivazione sostenibile.

È importante promuovere pratiche agricole sostenibili per la coltivazione delle patate e altre piante bulbose, inclusa la gestione delle risorse idriche, la conservazione del suolo e la riduzione dell'uso di pesticidi e fertilizzanti.

Le Americhe sono una regione ricca di piante bulbose, con una storia e una diversità eccezionali. Attraverso la conservazione delle varietà tradizionali e la promozione della coltivazione sostenibile, è possibile garantire che queste piante continuino a essere una fonte di bellezza, nutrimento ed economia per le popolazioni delle Americhe e del mondo intero.

Significato Culturale e Simbolico

Paesi Bassi: I tulipani hanno avuto un impatto economico e culturale significativo, specialmente durante il periodo della "Tulipomania" nel XVII secolo, quando i bulbi di tulipano erano così apprezzati da diventare oggetto di speculazione economica.

La coltivazione dei tulipani nei Paesi Bassi risale al XVI secolo, quando i mercanti olandesi iniziarono a importare bulbi di tulipano dall'Impero ottomano.

Nel corso del XVII secolo, i tulipani divennero sempre più popolari tra l'élite olandese per la loro bellezza e varietà di colori.

La "Tulipomania" fu un periodo di speculazione economica senza precedenti nei Paesi Bassi tra il 1634 e il 1637.

Durante questo periodo, i prezzi dei bulbi di tulipano raggiunsero livelli stratosferici, con alcuni bulbi che venivano scambiati per preziosi beni di lusso, terre e persino case.

Tuttavia, la bolla speculativa alla fine esplose nel 1637, portando a una crisi economica nota come il "crack dei tulipani".

La coltivazione e il commercio dei tulipani hanno portato a una crescita economica significativa nei Paesi Bassi nel XVII secolo.

I mercanti olandesi guadagnarono enormi profitti dalla vendita di bulbi di tulipano sia sul mercato interno che su quello internazionale, contribuendo alla ricchezza e alla prosperità del paese.

Il crollo della bolla speculativa dei tulipani nel 1637 portò a una crisi economica nei Paesi Bassi, con molti mercanti e investitori che subirono gravi perdite finanziarie.

Tuttavia, nonostante la crisi, l'industria dei tulipani sopravvisse e continuò a prosperare nei secoli successivi.

I tulipani sono diventati un'icona nazionale dei Paesi Bassi e sono ampiamente associati all'identità e alla cultura olandese.

Ogni anno, milioni di tulipani sono coltivati nei campi olandesi e nei giardini, e il fiore è celebrato durante il Keukenhof, uno dei più grandi giardini di bulbi fioriti al mondo.

I campi di tulipani in fiore nei Paesi Bassi sono diventati una delle principali attrazioni turistiche del paese, attirando visitatori da tutto il mondo durante la stagione primaverile.

Il turismo legato ai tulipani ha un impatto significativo sull'economia locale, con visite guidate ai campi fioriti, mercati di bulbi e festival dedicati al fiore.

Oggi, i Paesi Bassi sono uno dei principali produttori e esportatori di tulipani nel mondo, con milioni di bulbi e fiori che vengono venduti ogni anno.

La coltivazione e il commercio dei tulipani continuano a essere una parte importante dell'economia olandese, con aziende specializzate nella produzione e nell'esportazione di bulbi di tulipano.

Nonostante i cambiamenti economici e sociali nel corso dei secoli, la tradizione della coltivazione dei tulipani è stata preservata nei Paesi Bassi e continua a essere celebrata come parte integrante dell'identità nazionale olandese.

I tulipani hanno lasciato un'impronta indelebile sulla storia, sull'economia e sulla cultura dei Paesi Bassi, diventando un simbolo di ricchezza, prosperità e bellezza. Pur avendo attraversato periodi di speculazione economica e crisi, il fiore rimane un'icona nazionale e un'importante fonte di orgoglio nazionale per gli olandesi.

Inghilterra: I giacinti e i narcisi sono simboli di primavera e rinascita, spesso presenti nei giardini inglesi.

Il loro fiore brillante e profumato che sboccia all'inizio dell'anno è spesso interpretato come un segno di rinnovamento della natura dopo i mesi invernali.

In Inghilterra, i giacinti e i narcisi sono stati celebrati attraverso secoli di tradizioni e folklore.

Sono spesso associati a feste e celebrazioni primaverili, come la Pasqua, e sono spesso presenti nei giardini, nei parchi e nei luoghi pubblici durante questa stagione.

I giacinti e i narcisi sono ampiamente coltivati nei giardini inglesi per la loro bellezza, la loro fragranza e la loro capacità di portare un tocco di colore e allegria alla primavera.

Sono spesso piantati in aiuole, bordure, vasi e prati, creando splendide composizioni floreali che illuminano il paesaggio.

Esistono numerose varietà di giacinti e narcisi disponibili, ognuna con le proprie sfumature di colore, forme di fiore e profumi.

Dai delicati toni pastello ai vivaci gialli, arancioni e bianchi, le varietà offrono una vasta gamma di opzioni per i giardinieri inglesi nella progettazione dei loro spazi verdi.

Giacinti e narcisi hanno ispirato artisti, poeti e scrittori inglesi attraverso i secoli.

Sono spesso descritti nelle opere d'arte, nelle poesie romantiche e nei racconti letterari come simboli di bellezza, delicatezza e rinascita.

I giacinti e i narcisi sono spesso presenti nelle celebrazioni e negli eventi primaverili in Inghilterra, come i festival dei fiori, le fiere agricole e i mercati di giardinaggio.

Durante la stagione primaverile, molti luoghi in Inghilterra offrono spettacoli floreali dedicati ai giacinti e ai narcisi, dove i visitatori possono ammirare una varietà di varietà in fiore.

Data l'importanza culturale e ambientale dei giacinti e dei narcisi, sono state adottate pratiche di gestione sostenibile per preservare queste piante e i loro habitat naturali.

Sforzi sono stati fatti per proteggere le specie selvatiche e promuovere la coltivazione responsabile nei giardini e nei parchi.

Programmi educativi e iniziative di sensibilizzazione sono stati promossi per informare il pubblico sull'importanza della conservazione dei giacinti e dei narcisi e sulla loro bellezza e diversità.

I giacinti e i narcisi sono tesori floreali che illuminano i giardini e i paesaggi inglesi durante la primavera, portando gioia, colore e speranza dopo i mesi invernali. La loro presenza nelle tradizioni culturali e nelle celebrazioni riflette la profonda connessione tra la natura e la vita umana in Inghilterra.

Francia: I gigli sono simboli di purezza e regalità, utilizzati in araldica e spesso associati alla monarchia francese.

Il bianco puro e la forma elegante dei gigli li hanno resi simboli appropriati di virtù nobili come la purezza, la castità e la spiritualità.

Durante il Medioevo e il Rinascimento, i gigli furono adottati come emblema della monarchia francese, rappresentando la nobiltà, l'autorità e la divinità dei sovrani.

I gigli sono stati ampiamente utilizzati nell'araldica francese come elemento decorativo nei blasoni, negli stemmi e negli scudi dei nobili e delle istituzioni.

I gigli sono spesso presenti negli stemmi dei re, dei principi e dei nobili francesi, simboleggiando il loro status sociale e il loro legame con la corona.

Nei secoli, i gigli sono diventati un simbolo politico di identità e nazionalismo francese.

Durante la Rivoluzione francese, i gigli furono adottati come simbolo della Repubblica francese e della lotta per la libertà e l'uguaglianza.

I gigli sono stati una fonte di ispirazione per artisti, poeti e scrittori francesi attraverso i secoli.

Sono spesso raffigurati in dipinti, sculture, poesie e romanzi come simboli di bellezza, nobiltà e idealismo.

I gigli sono coltivati nei giardini e nei parchi francesi per la loro bellezza ornamentale e il loro significato simbolico.

Sono spesso piantati in aiuole, bordure e parchi pubblici, aggiungendo un tocco di eleganza e regalità ai paesaggi.

Nonostante i cambiamenti politici e sociali nel corso dei secoli, i gigli rimangono un simbolo duraturo di purezza e regalità nella cultura francese.

La loro presenza continua a essere onorata e celebrata attraverso tradizioni, feste e eventi culturali in tutta la Francia.

I gigli rimangono un'icona della cultura e dell'identità nazionale francese, riflettendo la ricca storia e la tradizione di nobiltà e grandezza della nazione.

Sono considerati un patrimonio culturale e artistico prezioso, che continua a ispirare e affascinare le generazioni future di francesi e persone di tutto il mondo.

I gigli sono quindi più di semplici fiori; sono simboli di profondi significati culturali e storici che continuano a permeare la vita e l'arte in Francia, rievocando l'epoca di gloria della monarchia francese e la nobiltà dei valori tradizionali.

Cina: I narcisi sono simboli di prosperità e buona fortuna. Sono particolarmente apprezzati durante il Capodanno cinese.

La loro fioritura precoce all'inizio dell'anno è spesso interpretata come un auspicio di ricchezza e successo per il nuovo anno che inizia.

I narcisi sono anche associati alla fortuna e al successo nelle tradizioni cinesi.

La loro bellezza e fragranza sono considerate auspici per portare fortuna e felicità nelle case e nelle famiglie cinesi.

Il Capodanno cinese, noto anche come la Festa della Primavera, è la festività più importante nel calendario cinese.

I narcisi sono spesso utilizzati come decorazioni durante le celebrazioni del Capodanno cinese per augurare prosperità e buona fortuna per l'anno a venire.

Durante il Capodanno cinese, i narcisi sono piantati in vasi o coltivati come fiori recisi per decorare le case, i negozi e le strade.

Le loro vivaci tonalità di giallo e bianco portano gioia e vitalità all'ambiente festivo, creando un'atmosfera di celebrazione e benessere.

I narcisi sono stati una fonte di ispirazione per artisti, poeti e scrittori cinesi attraverso i secoli.

Sono spesso citati nelle poesie e nelle opere letterarie come simboli di bellezza, armonia e speranza.

Nella filosofia cinese, i narcisi sono considerati simboli di purezza e illuminazione spirituale.

La loro delicatezza e la loro fragranza delicata sono associate alla ricerca di equilibrio interiore e armonia con la natura.

La tradizione di coltivare narcisi durante il Capodanno cinese è ancora diffusa tra le famiglie cinesi, che li coltivano nei loro giardini o li acquistano come fiori recisi per adornare le loro case.

I narcisi continuano a essere utilizzati come elementi decorativi durante le celebrazioni pubbliche del Capodanno cinese in Cina e nelle comunità cinesi in tutto il mondo.

Le strade, i parchi e le piazze vengono spesso adornati con narcisi durante il periodo festivo, creando uno spettacolo di bellezza e prosperità.

Il commercio di narcisi durante il Capodanno cinese è un'importante fonte di reddito per i coltivatori e i venditori di fiori in Cina.

Il turismo legato ai narcisi durante il Capodanno cinese attrae visitatori nazionali e internazionali, che vengono ad ammirare la bellezza e la simbologia di questi fiori durante le festività.

I narcisi occupano quindi un posto speciale nella cultura e nelle celebrazioni cinesi, portando gioia, prosperità e buona fortuna alle persone durante il Capodanno cinese e oltre. La loro bellezza e il loro significato simbolico continuano a essere apprezzati e celebrati nella ricca tradizione culturale cinese.

Giappone: Gli iris rappresentano coraggio e forza, e sono spesso raffigurati in arte e decorazioni tradizionali.

La loro capacità di crescere rigogliosi anche in terreni umidi e paludosi è spesso interpretata come una metafora del coraggio nel superare le avversità.

Gli iris sono anche associati alla forza e alla resilienza nelle tradizioni giapponesi.

La loro fioritura vigorosa e la loro capacità di resistere ai rigori delle stagioni sono simboli di forza interiore e resistenza.

Gli iris sono spesso raffigurati in arte, decorazioni e kimono tradizionali in Giappone.

Sono presenti in dipinti, stampe artistiche e tessuti come simboli di bellezza, grazia e nobiltà.

Gli iris sono celebrati durante la stagione della loro fioritura attraverso feste e festival dedicati in Giappone.

I festival degli iris, noti come "Iris Matsuri", sono eventi popolari che si svolgono in tutto il paese, dove le persone possono ammirare una varietà di varietà di iris in fiore e partecipare a attività culturali e rituali.

Gli iris hanno significati simbolici nel Buddhismo e nello Shintoismo giapponese.

Nel Buddhismo, gli iris sono associati alla saggezza e all'illuminazione spirituale, mentre nello Shintoismo rappresentano la purificazione e la connessione con la natura.

La bellezza e la nobiltà degli iris riflettono i valori culturali giapponesi di rispetto per la natura, disciplina e spirito di sacrificio.

La loro presenza nei paesaggi giapponesi e nelle pratiche culturali testimonia il profondo legame tra la natura e la spiritualità nel pensiero giapponese.

Gli iris sono coltivati nei giardini giapponesi e nei parchi pubblici per la loro bellezza ornamentale e il loro significato simbolico.

Sono spesso piantati lungo laghi, stagni e corsi d'acqua, creando scenari pittoreschi e tranquilli che ispirano contemplazione e serenità.

Gli iris continuano a ispirare artisti e artigiani giapponesi contemporanei, che li utilizzano come motivi decorativi in una varietà di opere d'arte, ceramiche e prodotti artigianali.

Sono presenti in disegni, gioielli, tessuti e altro ancora, mantenendo viva la loro bellezza e il loro significato nella cultura contemporanea.

Gli iris sono quindi più di semplici fiori; sono simboli profondamente radicati di coraggio, forza e nobiltà nella ricca cultura giapponese. La loro bellezza e il loro significato simbolico continuano a essere apprezzati e celebrati attraverso le generazioni, riflettendo la profonda connessione tra la natura e la spiritualità nel cuore del popolo giapponese.

Iran: Lo zafferano, derivato dai crochi, ha un valore culturale e gastronomico immenso. È utilizzato in cucina, in medicina e come colorante.

In Iran, lo zafferano ha una lunga storia che risale a migliaia di anni.

È stato coltivato e utilizzato fin dall'antichità come spezia, medicina e colorante.

Lo zafferano è considerato un simbolo di ricchezza e prosperità nella cultura iraniana.

La sua preziosità e il suo valore lo hanno reso un simbolo di lusso e raffinatezza.

Lo zafferano è uno degli ingredienti più preziosi e ricercati nella cucina iraniana.

Viene utilizzato per aromatizzare e colorare una varietà di piatti, tra cui risotti, stufati, dolci e tè.

Lo zafferano conferisce ai piatti un aroma distintivo e un colore dorato vibrante.

Il suo sapore leggermente amaro e floreale aggiunge profondità e complessità ai piatti.

Lo zafferano è noto anche per le sue proprietà medicinali.

È utilizzato nella medicina tradizionale iraniana per trattare una varietà di disturbi, tra cui depressione, ansia, disturbi digestivi e dolori mestruali.

Studi moderni hanno confermato alcuni dei benefici per la salute attribuiti allo zafferano.

È stato dimostrato che lo zafferano ha proprietà antiossidanti, antinfiammatorie e antidepressive.

Lo zafferano è anche utilizzato come colorante naturale in Iran.

Viene usato per tingere tessuti, ceramiche, dolci e bevande, conferendo loro un colore giallo dorato.

La tintura con zafferano è una pratica artigianale tradizionale in Iran, che ha radici antiche.

È una parte importante della cultura artigianale iraniana, che produce tessuti e oggetti d'arte pregiati.

Lo zafferano è un'importante coltura commerciale in Iran.

Il paese è uno dei principali produttori e esportatori mondiali di zafferano di alta qualità.

Lo zafferano continua a essere una parte integrante della cultura e della tradizione iraniana.

La sua coltivazione, raccolta e utilizzo sono tramandati di generazione in generazione, preservando così il patrimonio culturale del paese.

Lo zafferano rappresenta quindi molto più di una semplice spezia in Iran; è un simbolo di identità culturale, di patrimonio storico e di raffinatezza gastronomica. La sua preziosità e la sua versatilità lo rendono un ingrediente indispensabile nella cucina, nella medicina e nell'arte iraniane, conferendo ai piatti e alle tradizioni locali un carattere unico e inconfondibile.

Turchia: I tulipani sono profondamente radicati nella cultura turca e sono stati celebrati nell'arte e nella letteratura fin dal periodo ottomano.

Durante il periodo ottomano, i tulipani furono ampiamente coltivati e celebrati per la loro bellezza e varietà.

I tulipani sono considerati simboli di bellezza, eleganza e ricchezza nella cultura turca.

La loro fioritura vivace e colorata li ha resi amati sia come fiori da giardino che come elementi decorativi nelle arti e nell'artigianato.

I tulipani sono stati celebrati nell'arte turca attraverso dipinti, miniature e tessuti decorativi.

Sono spesso raffigurati in composizioni floreali che adornano interni di palazzi, moschee e residenze nobiliari.

I tulipani hanno ispirato poeti e scrittori turchi nel corso dei secoli.

Sono spesso citati in poesie, racconti e canzoni come simboli di amore, bellezza e rinascita.

Istanbul ospita annualmente il Festival dei Tulipani, un evento che celebra la bellezza e la cultura dei tulipani.

Durante il festival, la città è adornata con milioni di tulipani in fiore, creando uno spettacolo mozzafiato per i visitatori nazionali e internazionali.

I tulipani svolgono un ruolo importante nel turismo in Turchia, attirando visitatori da tutto il mondo durante la stagione della loro fioritura.

I giardini e i parchi pubblici sono spesso adornati con vasti tappeti di tulipani, che offrono agli spettatori un'esperienza visiva indimenticabile.

La coltivazione e la conservazione dei tulipani sono considerate parte integrante del patrimonio culturale turco.

Sforzi sono stati fatti per preservare le varietà tradizionali di tulipani e promuovere la loro coltivazione nei giardini e nei parchi.

I tulipani sono spesso utilizzati in eventi e rituali culturali in Turchia, come matrimoni, feste e celebrazioni religiose.

Il loro significato simbolico va oltre la loro bellezza estetica, rappresentando valori di amore, felicità e prosperità.

I tulipani sono quindi più di semplici fiori in Turchia; sono simboli di bellezza, cultura e storia che continuano a svolgere un ruolo significativo nella vita quotidiana e nelle tradizioni del popolo turco. La loro presenza nelle arti, nella letteratura e nei festival testimonia la profonda connessione emotiva e culturale che il popolo turco ha con questi fiori straordinari.

Sudafrica: Le frezie e altre piante bulbose sono parte integrante dei paesaggi locali e hanno usi medicinali e decorativi nelle culture indigene.

Queste piante sono parte integrante della vita quotidiana e delle tradizioni delle comunità locali da generazioni.

Le piante bulbose sono ampiamente utilizzate nella medicina tradizionale delle popolazioni indigene del Sudafrica.

Sono impiegate per trattare una varietà di disturbi, tra cui malattie della pelle, febbri, dolori e disturbi gastrointestinali.

Le piante bulbose sono un elemento importante della flora autoctona del Sudafrica.

Contribuiscono alla biodiversità dei paesaggi locali e sono adattate alle condizioni ambientali uniche della regione.

Le piante bulbose, grazie alla loro bellezza e alla loro varietà di colori e forme, sono molto apprezzate nei giardini e nei paesaggi pubblici e privati.

Arricchiscono i paesaggi con splendidi fiori e aggiungono interesse visivo durante la loro fioritura.

Data la loro importanza ecologica e culturale, molte specie di piante bulbose sono oggetto di sforzi di conservazione.

Programmi di protezione della natura e di educazione ambientale sono stati avviati per preservare le specie endemiche e minacciate.

La conservazione delle piante bulbose contribuisce alla promozione della biodiversità e alla salvaguardia degli ecosistemi locali.

Aiuta a proteggere l'habitat naturale di molte altre specie vegetali e animali che dipendono da queste piante per sopravvivere.

Nonostante i cambiamenti sociali e ambientali, le piante bulbose continuano a essere rispettate e utilizzate nelle pratiche culturali e nelle cerimonie delle comunità indigene del Sudafrica.

Mantengono un ruolo significativo nella vita quotidiana e nelle celebrazioni delle persone che vivono in armonia con la natura.

L'importanza delle piante bulbose nella cultura e nella conservazione ambientale è oggetto di programmi educativi nelle scuole e nelle comunità.

Si promuove la consapevolezza sulla loro importanza ecologica e sulla necessità di proteggerle per le generazioni future.

Le piante bulbose, come le frezie e altre specie autoctone, sono quindi custodi della ricca biodiversità e della cultura del Sudafrica. La loro presenza nei paesaggi locali, nei giardini e nelle pratiche culturali testimonia la profonda connessione tra le persone e la terra, e l'importanza di conservare e rispettare questo patrimonio per le generazioni future.

Messico: Le dalie sono il fiore nazionale del Messico e rappresentano dignità e impegno. Sono usate nelle festività e nelle celebrazioni.

La loro bellezza e la loro varietà di colori le rendono amate e celebrate in tutto il paese.

Le dalie sono associate a valori come la dignità, l'orgoglio e l'impegno.

Il loro aspetto maestoso e la loro fioritura rigogliosa rappresentano la forza e la determinazione del popolo messicano.

Sono spesso presenti durante le festività nazionali, le feste religiose, i matrimoni e altre occasioni speciali.

Le dalie sono offerte nei santuari e nei luoghi di culto come segno di devozione e gratitudine.

Sono considerate un'offerta sacra, simbolo di speranza e gratitudine verso le divinità.

Le dalie sono ampiamente utilizzate per decorare le case durante le celebrazioni e le feste familiari.

Aggiungono colore e gioia agli interni delle case e creano un'atmosfera festosa e accogliente.

Le dalie sono spesso regalate come segno di affetto e rispetto verso amici e familiari.

Rappresentano un gesto di amore e gratitudine, oltre a essere apprezzate per la loro bellezza estetica.

Le dalie continuano a essere celebrate come parte integrante della cultura messicana.

Sono oggetto di festival, mostre floreali e altri eventi che promuovono la loro bellezza e il loro significato culturale.

Esistono sforzi per conservare e promuovere la coltivazione delle dalie in Messico.

La diversità delle varietà locali viene preservata e valorizzata per garantire la continuità di questa tradizione botanica e culturale.

Le dalie sono quindi molto più di semplici fiori in Messico; sono simboli carichi di significato culturale e storico, rappresentanti l'orgoglio, la dignità e l'impegno del popolo messicano. La loro presenza nelle festività, nelle celebrazioni e nella vita quotidiana testimonia la profonda connessione emotiva e culturale che il popolo messicano ha con questi fiori straordinari.

Perù e Bolivia: Le patate, sebbene non bulbose, sono fondamentali per la cultura andina, con significati rituali e un'influenza profonda sull'alimentazione locale.

Le patate sono considerate uno dei pilastri della cultura e della dieta andina, essendo state coltivate e consumate dalle antiche civiltà dei Ande per migliaia di anni.

Le patate hanno avuto un'influenza profonda sull'alimentazione locale, fornendo una fonte essenziale di carboidrati e nutrienti per le popolazioni andine.

Le patate hanno significati rituali nelle culture andine, essendo spesso utilizzate in riti religiosi e cerimonie tradizionali.

Sono offerte agli dei come segno di gratitudine e rispetto per la terra e la natura.

Nelle credenze andine, le patate sono considerate simboli di prosperità, fertilità e sopravvivenza.

La loro coltivazione è strettamente legata al ciclo delle stagioni e alle tradizioni agricole delle comunità andine.

Le regioni delle Ande, in particolare Perù e Bolivia, sono centri di diversità per la coltivazione delle patate.

Qui si trovano migliaia di varietà autoctone, adattate ai diversi ambienti climatici e altitudini della regione.

Esistono sforzi per conservare e promuovere la diversità genetica delle patate andine, preservando le varietà tradizionali e promuovendo pratiche agricole sostenibili.

Le patate continuano a essere un alimento fondamentale nelle diete delle comunità andine, fornendo energia e nutrienti essenziali.

Sono consumate in varie forme, tra cui zuppe, stufati, purè e piatti tradizionali come la papa a la huancaína in Peru e la papa rellena in Bolivia.

Le pratiche agricole legate alla coltivazione delle patate sono ancora praticate nelle comunità andine, seguendo antiche tradizioni e cicli agricoli.

Le festività legate alla semina e al raccolto delle patate sono importanti eventi culturali che celebrano il legame profondo tra il popolo andino e la terra.

Le patate, quindi, sono molto più di un semplice alimento nelle culture andine del Perù e della Bolivia; sono simboli di identità, tradizione e resilienza, rappresentando la ricchezza culturale e la profonda connessione tra l'uomo e la natura nelle regioni delle Ande.

Simbolismo Generale

Rinascita e rinnovamento:

I bulbi attraversano cicli vitali che comprendono periodi di dormienza, in cui sembrano essere in uno stato di quiete apparente, seguiti dalla fioritura, quando esplodono in colori e forme straordinarie.

Questo ciclo può essere interpretato come una metafora della vita stessa, con i momenti di dormienza che simboleggiano i periodi di oscurità, difficoltà o transizione, mentre la fioritura rappresenta la rinascita, la speranza e il rinnovamento.

La capacità dei bulbi di fiorire dopo un periodo di dormienza porta con sé un significato profondo di speranza e nuovi inizi. Rappresentano la promessa di tempi migliori e di opportunità di crescita e rinascita.

La rinascita dei bulbi può essere vista anche come un simbolo di cambiamento e trasformazione. Come le piante che emergono dal terreno dopo il riposo invernale, anche noi possiamo rinascere e trasformarci dopo periodi di difficoltà o stagnazione.

In molte culture e tradizioni spirituali, i bulbi hanno connotazioni simboliche profonde. Sono visti come rappresentanti della ciclicità della vita, della morte e della rinascita.

In alcune pratiche religiose, i bulbi sono associati a rituali e celebrazioni che commemorano la rinascita e la rinnovazione, come le festività primaverili che celebrano la resurrezione o la rigenerazione.

Il simbolismo dei bulbi può ispirare e motivare le persone nei momenti difficili, offrendo loro la speranza che, anche quando sembra che tutto sia perduto, ci sia ancora la possibilità di rinascita e rinnovamento.

Per coloro che affrontano sfide personali o difficoltà, riflettere sul ciclo vitale dei bulbi può fornire conforto ed incoraggiamento, ricordando loro che anche i periodi di difficoltà possono essere seguiti dalla fioritura della speranza.

Amore e bellezza

Bulbi fioriti come tulipani e gigli sono spesso associati a sentimenti di amore e affetto. Sono scelti per esprimere amore romantico, passione e ammirazione in bouquet, regali e decorazioni floreali.

L'inclusione di bulbi fioriti in regali floreali è un gesto romantico e simbolico che comunica sentimenti profondi e significativi. La bellezza dei fiori aggiunge un tocco di romanticismo e dolcezza a qualsiasi occasione.

Nei matrimoni e nelle cerimonie d'amore, l'uso di bulbi fioriti come tulipani, gigli o iris è comune in molte culture. Questi fiori simboleggiano l'amore, la purezza e la bellezza dell'unione tra due persone.

I bulbi fioriti sono ampiamente utilizzati nelle decorazioni romantiche, come centrotavola, composizioni floreali e decorazioni per eventi speciali come anniversari, proposte di matrimonio e occasioni romantiche.

La bellezza dei bulbi fioriti e il loro significato simbolico di amore e bellezza li rendono una scelta popolare per esprimere affetto e apprezzamento in molte occasioni, non solo romantiche ma anche familiari e amichevoli.

Offrire un bouquet di bulbi fioriti è un gesto che va al di là delle parole, trasmettendo il calore del cuore e la bellezza dei sentimenti. È un modo tangibile per mostrare amore, gratitudine e affetto verso qualcuno di speciale.

Il simbolismo di amore e bellezza associato ai bulbi fioriti è tramandato da generazione in generazione, mantenendo la sua rilevanza e significato nel tempo.

Le tradizioni legate all'uso dei bulbi fioriti nei contesti romantici continuano a evolversi, adattandosi alle nuove tendenze e interpretazioni culturali, ma mantenendo intatto il loro nucleo di amore e bellezza.

Purezza e regalità

I gigli, in particolare, sono spesso associati a concetti di purezza e innocenza nelle tradizioni spirituali e religiose. La loro bellezza e delicatezza evocano un senso di pulizia e intatta semplicità.

Nei contesti religiosi, i gigli sono utilizzati per decorare santuari, chiese e luoghi di culto durante le celebrazioni sacre. La loro presenza simbolica suggerisce l'incarnazione della purezza divina e l'innocenza dell'anima.

I gigli, con la loro eleganza e maestosità, sono considerati simboli di regalità e nobiltà. La loro presenza in cerimonie e celebrazioni enfatizza il senso di prestigio e grandezza.

I gigli sono spesso utilizzati in eventi cerimoniali e ufficiali, come matrimoni reali, incoronazioni e altre cerimonie di stato, dove rappresentano la nobiltà e l'eleganza dei partecipanti.

I gigli sono ampiamente considerati tra i fiori più belli e raffinati, simboli di eleganza e grazia. La loro forma slanciata e i petali delicati evocano un senso di bellezza regale e aristocratica.

Nella letteratura, nell'arte e nella poesia, i gigli sono spesso utilizzati come simboli di bellezza e nobiltà. Sono raffigurati in opere d'arte come emblemi di regalità e grazia senza tempo.

Il simbolismo di purezza e regalità associato ai gigli è stato tramandato attraverso le generazioni, mantenendo la sua rilevanza e significato nel tempo.

Le interpretazioni del simbolismo dei gigli possono variare leggermente a seconda del contesto culturale e storico, ma il loro nucleo di purezza e regalità rimane costante.

Capitolo 2: Botanica dei Bulbi

2.1 Morfologia del Bulbo

Struttura e anatomia

Il bulbo è una struttura di immagazzinamento sotterranea tipica di molte piante perenni, composto da diverse parti anatomiche che lavorano insieme per sostenere la crescita e la fioritura della pianta.

Tunica Esterna

La tunica esterna, spesso costituita da strati di foglie morte sovrapposte, funge da involucro protettivo per il bulbo. Questo strato esterno aiuta a proteggere il bulbo da danni meccanici, disidratazione e infezioni.

Guscio

All'interno della tunica esterna, il bulbo è costituito da un tessuto compatto chiamato guscio. Questo strato fornisce ulteriore protezione e struttura al bulbo.

Gemme

All'interno del bulbo, si trovano gemme embrionali, che sono i punti di crescita da cui emergono i germogli durante il periodo di crescita attiva della pianta.

Scaglie

Le scaglie sono foglie modificate che si sovrappongono e avvolgono il tessuto interno del bulbo. Queste scaglie fungono da riserve di nutrienti durante la dormienza e forniscono sostanze nutritive ai germogli in fase di crescita.

Radici Basali

Dalla base del bulbo si sviluppano radici basali, che si estendono nel terreno per assorbire acqua e nutrienti essenziali per la crescita e lo sviluppo della pianta.

Germogli

All'apice del bulbo, emergono i germogli durante la fase di crescita attiva della pianta. Questi germogli si sviluppano in fusti, foglie e infiorescenze durante la stagione di crescita.

Tessuti di Stoccaggio

All'interno del bulbo, si trovano tessuti di stoccaggio che accumulano riserve di carboidrati, proteine e lipidi durante la fase di crescita attiva della pianta. Queste riserve di nutrienti vengono utilizzate per sostenere la crescita e la fioritura della pianta durante la successiva stagione di crescita.

Tessuti Meristematici

I bulbi contengono anche tessuti meristematici, che sono responsabili della crescita e dello sviluppo della pianta. Questi tessuti sono localizzati nelle gemme e nei punti di crescita del bulbo e sono attivati durante la fase di risveglio dalla dormienza.

La struttura e l'anatomia complessa del bulbo sono adattamenti eccezionali delle piante per sopravvivere e prosperare in ambienti variabili e spesso difficili. La capacità del bulbo di accumulare riserve di nutrienti e sostenere la crescita e la fioritura delle piante lo rende un elemento vitale nell'ecologia e nell'orticoltura.

Ciclo vitale del bulbo

Il ciclo vitale del bulbo è un processo complesso che comprende diversi stadi cruciali che consentono alla pianta di completare il suo ciclo di crescita, fioritura e riproduzione.

Dormienza

Dopo la fioritura e la produzione di semi, molti bulbi entrano in uno stato di dormienza. Durante questo periodo, l'attività metabolica della pianta è ridotta al minimo e il bulbo rimane inattivo nel terreno. La dormienza è spesso innescata da condizioni ambientali sfavorevoli come temperature fredde o secche.

Risveglio

Con l'arrivo della stagione favorevole, il bulbo inizia a risvegliarsi dalla dormienza. Le temperature più calde e le condizioni ambientali ottimali stimolano la crescita dei germogli e il ripristino dell'attività metabolica. I segnali ambientali come l'aumento delle temperature e la maggiore disponibilità di acqua e luce solare attivano i processi di risveglio.

Crescita Attiva

Durante la fase di crescita attiva, i germogli emergono dal bulbo e si sviluppano in fusti, foglie e infiorescenze. La pianta utilizza le riserve di nutrienti accumulate nel bulbo durante la dormienza per sostenere la crescita e lo sviluppo durante questa fase. La crescita attiva è caratterizzata da un rapido aumento della dimensione e della complessità della pianta.

Fioritura

Quando la pianta raggiunge la maturità, produce fiori che si aprono dalle gemme sui fusti. Questa fase rappresenta il culmine del ciclo vitale del bulbo, con la pianta che esprime la sua massima bellezza e fertilità. La fioritura è spesso accompagnata da una spettacolare esposizione di colori e profumi, attirando insetti impollinatori per la propagazione del polline.

Riposo e Dormienza Successiva

Dopo la fioritura, la pianta completa il suo ciclo vitale accumulando nuovamente riserve di nutrienti nel bulbo per il prossimo ciclo di crescita e fioritura. Questo riposo post-fioritura prepara la pianta per entrare nuovamente in dormienza, completando così il ciclo vitale del bulbo. Durante questo periodo, la pianta riposa e si riprende dalle fatiche della fioritura, preparandosi per il prossimo ciclo di crescita.

Il ciclo vitale del bulbo è un processo dinamico che si ripete anno dopo anno, consentendo alla pianta di adattarsi alle variazioni ambientali e di sopravvivere e prosperare in ambienti variabili e spesso difficili.

2.2 Processi di Fioritura

Fotosintesi e accumulo di nutrienti

Durante il processo di fioritura delle piante bulbose, la fotosintesi e l'accumulo di nutrienti giocano un ruolo fondamentale nel fornire l'energia e i nutrienti necessari per sostenere la produzione di fiori e semi.

La fotosintesi è il processo attraverso il quale le piante sintetizzano il loro cibo utilizzando la luce solare, l'anidride carbonica e l'acqua, per produrre zuccheri e ossigeno. Durante la fotosintesi, le foglie delle piante bulbose assorbono la luce solare attraverso i cloroplasti presenti nei loro tessuti. Questa energia luminosa viene utilizzata per convertire il biossido di carbonio (CO_2) e l'acqua (H_2O) in glucosio e ossigeno. Il glucosio prodotto durante la fotosintesi è una fonte di energia vitale per la pianta e viene utilizzato per sostenere la crescita e lo sviluppo dei fiori e dei semi.

Durante la stagione di crescita attiva precedente alla fioritura, le piante bulbose accumulano una vasta gamma di nutrienti nei loro bulbi. Durante questo periodo, le foglie delle piante bulbose assorbono i nutrienti presenti nel terreno attraverso le radici e li trasportano ai bulbi. Questi nutrienti includono macroelementi come azoto, fosforo e potassio, nonché microelementi come ferro, manganese e zinco, che sono essenziali per la crescita e lo sviluppo delle piante. Una volta assorbiti, i nutrienti vengono immagazzinati nei tessuti dei bulbi sotto forma di amido, proteine e altri composti organici, pronti per essere utilizzati durante la fase di fioritura.

Durante il processo di fioritura, i nutrienti accumulati nei bulbi vengono trasportati ai tessuti in crescita della pianta, compresi i germogli, i fusti, le foglie e gli organi riproduttivi come i fiori e i semi. Questi nutrienti forniscono l'energia e i materiali da costruzione necessari per sostenere la produzione di fiori e semi di alta qualità. Inoltre, la fotosintesi continua durante il periodo di fioritura, fornendo un flusso costante di energia aggiuntiva per sostenere la crescita e lo sviluppo della pianta durante questa fase cruciale del suo ciclo di vita.

Vernalizzazione e stimoli ambientali

Durante il processo di fioritura delle piante bulbose, la vernalizzazione e altri stimoli ambientali svolgono un ruolo chiave nel regolare il momento e l'intensità della fioritura.

La vernalizzazione è il processo attraverso il quale le piante rispondono a periodi prolungati di freddo per stimolare la fioritura. Nei climi temperati, molte piante bulbose richiedono un periodo di esposizione al freddo invernale per iniziare il processo di fioritura. Durante questo periodo, i bulbi assorbono gradualmente acqua dal terreno circostante, aumentando la loro umidità interna e avviando una serie di cambiamenti fisiologici. Questi cambiamenti includono la modifica dei livelli di ormoni vegetali, che a loro volta stimolano la formazione dei germogli e l'inizio del processo di fioritura una volta che le temperature si riscaldano. La vernalizzazione è essenziale per molte piante bulbose, tra cui tulipani, narcisi e giacinti, per garantire una fioritura vigorosa e abbondante.

Oltre alla vernalizzazione, altri stimoli ambientali possono influenzare il processo di fioritura delle piante bulbose. Questi stimoli includono fattori come la luce solare, la temperatura, la disponibilità di acqua e nutrienti, nonché segnali biologici come la presenza di impollinatori e la competizione con altre piante. Ad esempio, molte piante bulbose richiedono una certa quantità di luce solare diretta per stimolare la fotosintesi e la produzione di fiori. La temperatura è un altro fattore critico, poiché molte piante bulbose hanno esigenze specifiche di temperatura per avviare il processo di fioritura. La disponibilità di acqua e nutrienti è anche essenziale per sostenere la crescita e lo sviluppo delle piante bulbose durante il periodo di fioritura. Infine, i segnali biologici come la presenza di impollinatori possono influenzare la fioritura delle piante bulbose, poiché la presenza di insetti impollinatori può aumentare la probabilità di successo riproduttivo e la produzione di semi.

La vernalizzazione e altri stimoli ambientali svolgono quindi un ruolo fondamentale nel regolare il processo di fioritura delle piante bulbose, influenzando il momento e l'intensità della fioritura in risposta alle condizioni ambientali circostanti. Questi processi sono essenziali per garantire una fioritura vigorosa e abbondante e il successo riproduttivo delle piante bulbose in natura.

Capitolo 3: Classificazione dei Bulbi Fioriti

3.1 Bulbi Primaverili

I bulbi primaverili sono quelli che fioriscono principalmente durante la stagione primaverile, portando un tripudio di colori e profumi che segnano l'inizio della stagione della fioritura. Questi bulbi sono ampiamente apprezzati per la loro capacità di risvegliare i giardini dal torpore invernale e per la loro varietà di forme e colori.

Tulipani (Tulipa spp.)

I tulipani sono una delle piante bulbose più iconiche e amate, conosciute per i loro fiori distintivi e la loro varietà di colori e forme. Appartenenti alla famiglia delle Liliaceae, i tulipani sono originari delle regioni montuose dell'Asia centrale e sono stati coltivati e apprezzati per secoli in tutto il mondo.

I tulipani presentano una vasta gamma di forme floreali, che vanno dai tulipani singoli con petali a forma di coppa, ai tulipani a doppio fiore con petali stratificati e riccamente sfumati. La loro gamma di colori è altrettanto diversificata, spaziando dai toni pastello delicati ai colori vivaci e accesi. I tulipani sono disponibili in una moltitudine di sfumature di rosso, giallo, rosa, viola, bianco e persino nero.

I tulipani prosperano in condizioni di piena luce solare e preferiscono terreni ben drenati e fertili. È importante piantare i bulbi di tulipano in autunno, prima dell'arrivo del freddo invernale, per consentire loro di stabilirsi e svilupparsi prima della fioritura primaverile.

Durante l'inverno, i bulbi di tulipano richiedono un periodo di dormienza fredda per attivare il processo di fioritura. Le basse temperature stimolano i cambiamenti fisiologici nel bulbo che preparano la pianta per la fioritura primaverile. È fondamentale fornire protezione sufficiente ai bulbi durante l'inverno per evitare danni causati da gelate eccessivamente severe.

Dopo la fioritura, è importante lasciare che le foglie dei tulipani marciscano naturalmente, anziché tagliarle prematuramente. Durante questo periodo, le foglie assorbono energia solare e la trasformano in nutrienti che vengono immagazzinati nel bulbo per il prossimo ciclo di fioritura. Rimuovere prematuramente le foglie potrebbe indebolire il bulbo e compromettere la sua capacità di produrre fiori vigorosi la stagione successiva.

Con una cura adeguata e le giuste condizioni ambientali, i tulipani possono offrire anni di fioriture spettacolari e aggiungere bellezza e colore a giardini, aiuole e vasi. La loro eleganza e la loro varietà li rendono una scelta popolare tra i giardinieri di tutto il mondo, simboleggiando la bellezza e la rinascita della primavera.

Narcisi (Narcissus spp.)

I narcisi sono piante bulbose appartenenti al genere Narcissus, caratterizzate dai loro fiori a trombetta o a coppa che sbocciano in primavera. Questi fiori sono spesso di colore giallo brillante o bianco puro, ma esistono numerose varietà con tonalità di arancione, rosa, crema e persino bicolori. I narcisi sono membri della famiglia delle Amaryllidaceae e sono originari dell'Europa e del bacino del Mediterraneo.

Una delle caratteristiche distintive dei narcisi è il loro profumo delizioso e fresco, che aggiunge ulteriore fascino al loro aspetto affascinante. I fiori dei narcisi si ergono su steli slanciati e sono spesso circondati da foglie strette e lanceolate che conferiscono loro un aspetto elegante e armonioso.

I narcisi sono piante robuste e facili da coltivare, adatte sia per i giardinieri esperti che per i principianti. Amano i terreni ben drenati e la piena luce solare, sebbene alcune varietà possano tollerare leggere ombre parziali. Possono essere piantati in autunno o primavera a seconda della varietà e della zona climatica.

Durante la fase di piantagione, è importante posizionare i bulbi dei narcisi a una profondità corrispondente a circa tre volte la loro altezza e garantire una distanza adeguata tra i bulbi per consentire una crescita ottimale. Dopo la fioritura, è essenziale lasciare che le foglie dei narcisi marciscano naturalmente. Durante questo periodo, le foglie continuano a fotosintetizzare e accumulare nutrienti nei bulbi per il prossimo ciclo di fioritura.

I narcisi sono generalmente resistenti alle malattie e alle infestazioni di parassiti, ma è comunque consigliabile monitorarli regolarmente per prevenire e affrontare eventuali problemi. Con la cura adeguata e le giuste condizioni di crescita, i narcisi possono moltiplicarsi e formare ampie macchie di fioritura spettacolare, aggiungendo un tocco di bellezza e allegria ai giardini primaverili.

Giacinti (Hyacinthus spp.)

I giacinti sono piante bulbose amate per i loro fiori a forma di spiga densa e il loro profumo inebriante. Appartenenti al genere Hyacinthus, i giacinti sono originari del Mediterraneo orientale e sono stati coltivati e apprezzati per secoli per la loro bellezza e il loro profumo irresistibile.

I fiori dei giacinti si presentano in spighe compatte e cilindriche, composte da innumerevoli fiori a forma di campana disposti strettamente lungo lo stelo. La loro gamma di colori è vasta e comprende tonalità di blu, rosa, bianco, viola, giallo e arancione, con molte varietà che presentano sfumature e sfumature interessanti.

I giacinti prosperano in terreni ben drenati e ricchi di sostanze nutrienti, preferibilmente con un pH neutro o leggermente acido. Possono essere piantati in autunno, di solito da settembre a novembre, prima dell'arrivo del freddo invernale. I bulbi di giacinto richiedono un periodo di freddo invernale per stimolare la fioritura in primavera. Questo processo, chiamato vernalizzazione, è essenziale per garantire una fioritura vigorosa e abbondante.

Dopo la fioritura, è importante lasciare che le foglie dei giacinti marciscano naturalmente. Durante questo periodo, le foglie continuano a fotosintetizzare e accumulare nutrienti nei bulbi per il prossimo ciclo di fioritura. Rimuovere prematuramente le foglie potrebbe indebolire il bulbo e compromettere la sua capacità di produrre fiori vigorosi la stagione successiva.

I giacinti sono generalmente resistenti alle malattie e alle infestazioni di parassiti, ma è comunque consigliabile monitorarli regolarmente per prevenire e affrontare eventuali problemi. Con la cura adeguata e le giuste condizioni di crescita, i giacinti possono offrire anni di fioriture spettacolari e aggiungere un tocco di eleganza e profumo ai giardini primaverili.

3.2 Bulbi Estivi

I bulbi estivi comprendono una varietà di piante bulbose che fioriscono durante la stagione estiva, aggiungendo colore e vivacità ai giardini durante i mesi più caldi dell'anno. Tra le piante bulbose estive più popolari ci sono i gigli, le dalie e i gladioli.

Gigli (Lilium spp.)

I gigli sono piante bulbose di grande bellezza appartenenti al genere Lilium, ampiamente riconosciute per i loro fiori eleganti e profumati. Queste piante sono ampiamente diffuse in natura e coltivate in giardini di tutto il mondo, offrendo una vasta gamma di varietà e colori.

I fiori dei gigli sono una vera attrazione, con forme che variano da tromba a coppa, e portati su fusti alti e slanciati che conferiscono loro un'eleganza distintiva. I gigli sono disponibili in una ricca gamma di colori, tra cui bianco, giallo, arancione, rosa, rosso, viola e persino tonalità sfumate e bicolori. La loro bellezza è spesso accompagnata da un aroma delizioso, che li rende sia piacevoli alla vista che al naso.

Per una crescita ottimale, i gigli preferiscono terreni ben drenati e soleggiati, anche se possono tollerare l'ombra parziale, specialmente nelle regioni più calde. Possono essere piantati in autunno o primavera, a seconda della zona climatica e della varietà. Durante la piantagione, è importante fornire una copertura sufficiente di terreno per proteggere i bulbi dal freddo invernale.

I bulbi di giglio richiedono un periodo di dormienza fredda per stimolare la fioritura in primavera. Dopo la fioritura, è essenziale lasciare che le foglie marciscano naturalmente. Questo processo permette al bulbo di accumulare nutrienti per il prossimo ciclo di fioritura e di rafforzarsi per la stagione successiva.

Con la cura adeguata e le giuste condizioni di crescita, i gigli possono offrire anni di fioriture spettacolari e profumate, aggiungendo eleganza e bellezza ai giardini e agli spazi paesaggistici. La loro presenza può trasformare un ambiente, portando gioia e ammirazione a chiunque ne goda.

Dalie (Dahlia spp.)

Le dalie sono affascinanti piante bulbose ampiamente conosciute per la loro spettacolare fioritura e la loro straordinaria varietà di colori e forme. Appartenenti al genere Dahlia, le dalie sono native delle regioni tropicali e subtropicali del Messico e dell'America centrale. La loro bellezza stravagante e la loro versatilità le rendono una scelta popolare tra i giardinieri di tutto il mondo.

Le fioriture delle dalie possono essere sia singole che doppie, con fiori che variano da piccoli e compatti a grandi e vistosi. La gamma di colori è vastissima, comprendendo toni pastello delicati, colori vivaci e sfumature complesse. Le foglie delle dalie sono solitamente grandi, lanceolate e di colore verde scuro, creando un contrasto interessante con i fiori e aggiungendo ulteriore interesse visivo alla pianta.

Le dalie preferiscono terreni ben drenati e ricchi di sostanze nutrienti. Possono essere piantate in primavera, dopo che il rischio di gelate è passato, o in autunno nelle zone con inverni miti. Una posizione soleggiata è essenziale per una fioritura ottimale, anche se le dalie possono tollerare ombra parziale.

Durante la stagione di crescita attiva, è importante fornire un'irrigazione regolare per mantenere il terreno uniformemente umido. L'uso di uno strato di pacciame intorno alle piante può aiutare a trattenere l'umidità e a ridurre la crescita delle erbacce. Le dalie beneficiano anche di una fertilizzazione regolare durante la stagione di crescita, utilizzando un fertilizzante bilanciato applicato secondo le istruzioni del produttore.

Dopo la fioritura, è importante rimuovere i fiori appassiti per promuovere una fioritura continua. Questo processo, chiamato "deadheading", incoraggia la pianta a produrre nuovi boccioli anziché dedicare energia alla produzione di semi. Durante l'inverno, i bulbi di dalia devono essere protetti dal gelo e dalle basse temperature. In molte zone, è consigliabile estrarre i bulbi dal terreno e conservarli in un luogo fresco e asciutto fino alla primavera successiva.

Con la cura adeguata e le giuste condizioni di crescita, le dalie possono regalare una fioritura spettacolare e prolungata durante la stagione estiva, aggiungendo colore, bellezza e fascino ai giardini e agli spazi paesaggistici.

Gladioli (Gladiolus spp.)

I gladioli sono affascinanti piante bulbose appartenenti al genere Gladiolus, conosciute per i loro fiori a forma di spiga che crescono su fusti alti e sottili. Originari dell'Africa meridionale, i gladioli sono ora coltivati e apprezzati in tutto il mondo per la loro fioritura elegante e la loro vasta gamma di colori.

I fiori dei gladioli possono essere sia singoli che doppi e sono disponibili in una straordinaria varietà di tonalità, compresi toni vivaci come rosso, arancione, giallo e rosa, oltre a sfumature più delicate come bianco, crema e lilla. La fioritura lunga e abbondante dei gladioli li rende una scelta popolare per i bouquet da taglio e i giardini ornamentali.

I gladioli preferiscono terreni ben drenati e soleggiati. Possono essere piantati in primavera, dopo che il rischio di gelate è passato, in un terreno preparato con letame maturo o compost per garantire una nutrizione ottimale. Durante la piantagione, è importante piantare i bulbi a una profondità di circa 10-15 cm e mantenere una distanza di almeno 10-15 cm tra i bulbi per consentire una crescita ottimale.

Durante la fase di crescita attiva, i gladioli richiedono un'irrigazione regolare per mantenere il terreno uniformemente umido, specialmente durante i periodi di siccità. Poiché i fusti dei gladioli possono diventare alti e pesanti con il peso dei fiori, è consigliabile fornire un sostegno ai fusti più alti per evitare che si pieghino o si rompano.

Dopo la fioritura, è importante lasciare che le foglie dei gladioli marciscano naturalmente. Questo processo permette al bulbo di accumulare nutrienti per il prossimo ciclo di fioritura e di rafforzarsi per la stagione successiva. Durante l'inverno, i bulbi di gladiolo devono essere protetti dal gelo e dalle basse temperature, quindi è consigliabile estrarli dal terreno e conservarli in un luogo fresco e asciutto fino alla primavera successiva.

3.3 Bulbi Autunnali

I bulbi autunnali offrono una fioritura affascinante che aggiunge bellezza e interesse ai giardini durante la stagione autunnale. Tra le piante bulbose autunnali più popolari ci sono il colchico e il Crocus sativus, noto anche come lo zafferano.

Colchico (Colchicum spp.)

Il colchico, noto anche come zafferano d'autunno o saffrono d'autunno, è una pianta bulbosa affascinante appartenente al genere Colchicum. Originario dell'Europa e del Medio Oriente, il colchico è noto per la sua insolita abitudine di produrre fiori prima delle foglie. Questo lo rende un'affascinante aggiunta ai giardini autunnali, dove i suoi fiori a forma di coppa emergono direttamente dal terreno senza foglie visibili.

I fiori del colchico sono una vera delizia per gli occhi, con una varietà di colori che comprendono tonalità di rosa, viola e bianco. La loro fioritura è un evento sorprendente che porta un tocco di bellezza agli spazi esterni proprio quando altre piante stanno entrando in riposo per l'inverno.

Il colchico prospera meglio in terreni ben drenati e ricchi di sostanze nutrienti. È ideale piantarli in autunno, di solito da settembre a novembre, quando le temperature estive cominciano a diminuire e inizia il periodo di piantagione per le piante da bulbo autunnali.

I bulbi di colchico devono essere piantati a una profondità di circa 8-10 cm, e il terreno deve essere mantenuto umido ma non troppo bagnato. Durante il periodo di crescita attiva, un'irrigazione regolare è essenziale per garantire che i bulbi ricevano l'umidità necessaria per svilupparsi pienamente.

Dopo la fioritura, il colchico svilupperà foglie che cresceranno e si espanderanno nel corso dell'autunno e dell'inverno. Queste foglie svolgono un ruolo cruciale nella fotosintesi, fornendo energia al bulbo per il prossimo ciclo di fioritura. È importante lasciare che le foglie marciscano naturalmente prima di tagliarle, poiché questa è la fase in cui il bulbo accumula nutrienti per il suo ciclo successivo.

Croco Sativus (Zafferano)

Il Crocus sativus, comunemente noto come zafferano, è una pianta bulbosa appartenente al genere Crocus. È famoso per i suoi pistilli rossi-arancio, noti come stimmi, che vengono raccolti e utilizzati come spezia pregiata in cucina. Oltre al suo valore culinario, lo zafferano produce anche fiori viola che aggiungono un tocco di colore delicato e affascinante agli spazi esterni.

La coltivazione dello zafferano ha una lunga storia e tradizione in molte parti del mondo, ed è stata apprezzata per secoli per le sue qualità aromatiche e il suo sapore unico.

Lo zafferano cresce meglio in terreni ben drenati e soleggiati. I bulbi di zafferano vengono solitamente piantati in estate, di solito da luglio a settembre, in modo che possano stabilirsi prima dell'inizio della fioritura in autunno. I bulbi vengono piantati a una profondità di circa 10-15 cm e devono essere mantenuti umidi durante il periodo di crescita.

Durante la fase di crescita attiva, l'irrigazione regolare è importante per garantire che i bulbi ricevano l'umidità necessaria per svilupparsi correttamente. Dopo la fioritura, i fiori vengono attentamente raccolti a mano per estrarre i preziosi pistilli di zafferano. È cruciale lasciare che le foglie marciscano naturalmente, poiché questo permette al bulbo di accumulare nutrienti attraverso il processo di fotosintesi, garantendo una fioritura abbondante l'anno successivo.

Gli zafferani sono piante robuste e resistenti che richiedono poca manutenzione una volta stabilite. Con la cura adeguata, possono offrire un raccolto prezioso di spezie autunnali ogni anno, arricchendo i giardini con il loro aroma seducente e il loro aspetto affascinante.

3.4 Bulbi Invernali

I bulbi invernali portano gioia e colore ai giardini durante i mesi più freddi dell'anno. Due delle piante bulbose invernali più amate sono l'Amaryllis e i Narcisi invernali.

Amaryllis

L'Amaryllis, noto anche come Hippeastrum, è un affascinante bulbo ornamentale amato per i suoi fiori vistosi e luminosi che sbocciano in inverno e all'inizio della primavera. Originario delle regioni tropicali dell'America centrale e meridionale, l'Amaryllis offre una vasta gamma di colori, inclusi rosso, rosa, bianco, arancione e giallo, che aggiungono un tocco di calore e vitalità ai giardini durante i mesi più freddi.

I fiori dell'Amaryllis sono grandi e a forma di tromba o coppa, spesso portati su fusti alti e robusti. La loro bellezza sgargiante e la loro capacità di fiorire durante i mesi grigi e bui dell'inverno li rendono una scelta popolare per coloro che desiderano ravvivare gli spazi esterni con un tocco di colore e gioia.

L'Amaryllis cresce meglio in terreni ben drenati e ricchi di sostanze nutrienti. I bulbi di Amaryllis vengono solitamente piantati in autunno, di solito da settembre a novembre, in modo che possano fiorire in inverno. Possono essere piantati in vasi o direttamente nel terreno, a una profondità di circa 5-8 cm.

Durante il periodo di crescita attiva, è importante fornire una quantità adeguata di acqua e luce solare per garantire una crescita ottimale. Dopo la fioritura, è consigliabile tagliare i fiori appassiti e consentire alle foglie di continuare a crescere e fotosintetizzare per garantire una fioritura abbondante l'anno successivo.

L'Amaryllis è una pianta relativamente facile da coltivare e può essere un'aggiunta straordinaria a qualsiasi giardino invernale, portando gioia e bellezza anche nei mesi più freddi. Con la cura adeguata, può offrire una fioritura spettacolare e continua negli anni a venire.

Narcisi Invernali

I Narcisi invernali sono una varietà di narcisi che si distingue per la sua fioritura precoce, avvenendo spesso durante i primi mesi dell'anno, talvolta anche sotto la neve. Questi piccoli ma coraggiosi fiori portano una nota di gioia e ottimismo agli spazi esterni quando il resto del giardino può ancora essere in letargo invernale.

I fiori dei Narcisi invernali sono tipicamente più piccoli e delicati rispetto alle varietà primaverili, ma non per questo meno affascinanti. Sono disponibili in una gamma di colori che includono il bianco, il giallo e l'arancione, e spesso sono accompagnati da foglie strette e appuntite che emergono direttamente dal bulbo.

I Narcisi invernali sono piante robuste e facili da coltivare, che prosperano in terreni ben drenati e soleggiati. I bulbi di Narciso invernale vengono di solito piantati in autunno, generalmente da settembre a novembre, a una profondità di circa 10-15 cm.

Una volta piantati, i Narcisi invernali richiedono poco o nessun intervento da parte del giardiniere. Possono sopportare temperature fredde e gelate e spesso fioriscono anche sotto la neve, portando un tocco di colore e allegria agli spazi esterni durante i mesi invernali. Grazie alla loro resistenza e alla loro capacità di prosperare anche in condizioni avverse, i Narcisi invernali sono un'eccellente scelta per coloro che desiderano aggiungere un po' di vita e colore al loro giardino durante i mesi più freddi dell'anno.

Capitolo 4: Coltivazione e Cura dei Bulbi

4.1 Preparazione del Terreno

La preparazione del terreno è fondamentale per il successo dei bulbi fioriti. Ecco alcuni tipi di terreno ideali da considerare:

Terreno Ben Drenato

I bulbi fioriti prosperano in terreni ben drenati, in quanto l'accumulo di acqua intorno ai bulbi può portare al marciume e alla morte delle piante. Il terreno dovrebbe avere una buona capacità di drenaggio, consentendo all'acqua in eccesso di defluire rapidamente. I terreni argillosi possono essere migliorati con l'aggiunta di materiale organico per migliorare il drenaggio.

Terreno Fertile

I bulbi fioriti beneficiano di terreni ricchi di sostanze nutrienti, che favoriscono una crescita sana e una fioritura abbondante. Un terreno fertile fornisce alle piante i nutrienti necessari per svilupparsi vigorosamente e produrre fiori di alta qualità. L'aggiunta di compost o letame ben decomposto può arricchire il terreno e migliorarne la fertilità.

pH Equilibrato

Il pH del terreno influisce sulla disponibilità dei nutrienti per le piante. La maggior parte dei bulbi fioriti prospera in terreni leggermente acidi o neutri, con un pH compreso tra 6 e 7. Se il terreno è troppo acido o troppo alcalino, può influire sulla capacità delle piante di assorbire nutrienti essenziali. È possibile regolare il pH del terreno aggiungendo sostanze correttive come calcare o zolfo.

Struttura del Terreno

La struttura del terreno è importante per consentire alle radici dei bulbi di penetrare facilmente nel terreno e di espandersi. Un terreno compatto e argilloso può ostacolare la crescita delle radici e limitare lo sviluppo delle piante. L'aggiunta di materiale organico come humus, torba o sabbia può migliorare la struttura del terreno, rendendolo più friabile e aerato.

Scegliere il terreno giusto e prepararlo adeguatamente prima di piantare i bulbi fioriti è essenziale per garantire una crescita sana e una fioritura spettacolare. Con le giuste condizioni di terreno, i bulbi fioriti possono prosperare e portare bellezza al giardino per molte stagioni a venire.

La concimazione e l'aggiunta di ammendanti al terreno sono pratiche cruciali per garantire che i bulbi fioriti ricevano i nutrienti necessari per una crescita sana e una fioritura abbondante. Ecco alcuni concetti chiave da considerare:

I bulbi fioriti beneficiano di una fertilizzazione adeguata durante la fase di preparazione del terreno e durante il ciclo di crescita. I fertilizzanti forniscono alle piante i nutrienti essenziali, come azoto (N), fosforo (P) e potassio (K), nonché altri micronutrienti necessari per una crescita vigorosa e una fioritura di qualità.

Fertilizzanti a lento rilascio: I fertilizzanti granulari a lento rilascio sono spesso utilizzati per la concimazione dei bulbi fioriti. Questi fertilizzanti rilasciano gradualmente i nutrienti nel terreno nel corso del tempo, fornendo un'adeguata nutrizione alle piante durante l'intero ciclo di crescita.

Fertilizzanti liquidi: I fertilizzanti liquidi possono essere applicati durante la fase di crescita attiva delle piante per fornire un rapido apporto di nutrienti. Sono particolarmente utili per le piante che necessitano di una spinta nutritiva immediata.

Ammendanti

Gli ammendanti del terreno sono materiali organici o inorganici aggiunti al terreno per migliorarne la struttura, la fertilità e il pH. Possono essere utilizzati per correggere le carenze nutritive, migliorare il drenaggio, aumentare la capacità di ritenzione idrica e favorire la crescita delle radici.

Compost: Il compost è un ammendante del terreno versatile e ricco di sostanze nutrienti. Aggiungere compost al terreno migliora la struttura del suolo, aumenta la fertilità e fornisce una fonte sostenibile di nutrienti per le piante.

Letame: Il letame ben decomposto è un'eccellente fonte di sostanze organiche e nutrienti per il terreno. Aggiungere letame al terreno fornisce una nutrizione equilibrata alle piante e promuove la crescita delle radici.

Torba: La torba è ampiamente utilizzata come ammendante del terreno per migliorare la capacità di ritenzione idrica e il drenaggio. Aggiungere torba al terreno aiuta a mantenere il terreno umido e aerato, favorendo una crescita sana delle piante.

La concimazione e l'aggiunta di ammendanti al terreno sono pratiche essenziali per garantire la salute e la vitalità dei bulbi fioriti. Con una corretta nutrizione e una preparazione adeguata del terreno, i bulbi fioriti possono raggiungere il loro pieno potenziale e regalare una fioritura spettacolare nel giardino.

4.2 Piantagione dei Bulbi

La piantagione corretta dei bulbi è cruciale per garantire una crescita sana e una fioritura abbondante.

I bulbi fioriti devono essere piantati durante il periodo giusto dell'anno, in base alla loro stagione di fioritura e alle condizioni climatiche locali. In generale, i bulbi primaverili vengono piantati in autunno, mentre quelli estivi e autunnali vengono piantati in primavera. È importante consultare le raccomandazioni specifiche per ogni tipo di bulbo e zona climatica.

Prima di piantare i bulbi, è importante preparare adeguatamente il terreno. Rimuovere le erbacce e i detriti vegetali, lavorare il terreno per renderlo friabile e aggiungere compost o ammendanti per migliorare la struttura e la fertilità del suolo.

Esistono diverse tecniche di piantagione dei bulbi, tra cui:

Piantagione a massicciata

La piantagione a massicciata è una tecnica utilizzata per creare composizioni floreali audaci e visivamente accattivanti nel giardino. Questo metodo prevede la piantagione di gruppi di bulbi, noti come massicciate, in cui diverse varietà di bulbi vengono combinati per creare una miscela di colori, forme e altezze che si integrano armoniosamente quando i fiori sbocciano.

Piantare i bulbi a massicciata permette di creare un effetto visivo più impattante rispetto alla piantagione singola. I gruppi di bulbi che fioriscono insieme creano tappeti di colore che catturano l'attenzione e aggiungono interesse visivo al giardino.

La combinazione di diverse varietà di bulbi all'interno di una massicciata consente di creare composizioni variegate e interessanti. Si possono sperimentare diverse combinazioni di colori, forme e altezze per ottenere effetti unici e personalizzati.

La piantagione a massicciata consente di sfruttare efficacemente lo spazio nel giardino, creando aree di interesse focalizzate e ben definite. Questo metodo è particolarmente utile per riempire ampie aree con una vasta gamma di fioriture senza dover piantare singolarmente ogni bulbo.

Prima di piantare a massicciata, è importante pianificare il design del giardino e decidere dove posizionare le diverse massicciate di bulbi. Si possono considerare fattori come l'esposizione al sole, la compatibilità delle varietà di bulbi e la distribuzione delle altezze e dei colori.

Scegliere varietà di bulbi che si complementano a vicenda in termini di colore, forma e altezza per creare composizioni armoniose e bilanciate. Si possono combinare tonalità contrastanti o toni complementari per ottenere effetti visivi accattivanti.

Dopo la piantagione, è importante fornire una corretta manutenzione alle massicciate di bulbi, inclusa l'irrigazione regolare, la rimozione delle erbacce e la fertilizzazione stagionale per garantire una fioritura sana e prolungata.

Piantagione a filare

La piantagione a filare è una tecnica utilizzata per creare bordure ordinate e ben definite lungo i vialetti, i confini dei giardini o le aiuole. In questo metodo, i bulbi vengono piantati in file ordinate, mantenendo una distanza uniforme tra ciascun bulbo. Ecco alcuni punti chiave riguardanti questa tecnica:

La piantagione a filare crea bordure pulite e ordinate lungo i vialetti o i bordi dei giardini. Questo metodo permette di delineare chiaramente gli spazi e di creare una transizione fluida tra le diverse aree del giardino.

Le file ordinate di bulbi creano un effetto visivo lineare e strutturato, che aggiunge un senso di ordine e precisione al giardino. Questo è particolarmente adatto per giardini formali o per aree dove si desidera un aspetto pulito e ben curato.

Le bordure create con la piantagione a filare sono facili da mantenere, poiché i bulbi sono disposti in modo uniforme lungo una linea retta. Ciò semplifica l'irrigazione, la rimozione delle erbacce e altre attività di manutenzione.

È importante mantenere una distanza uniforme tra i bulbi piantati lungo la fila per garantire una crescita ottimale e un aspetto uniforme della bordura. La distanza dipenderà dalle esigenze specifiche delle piante, ma di solito è di qualche centimetro.

Scegliere varietà di bulbi adatte alla piantagione a filare, considerando fattori come l'altezza delle piante, il colore dei fiori e il periodo di fioritura. È possibile combinare diverse varietà per creare un effetto visivo interessante lungo la bordura.

Prima di piantare i bulbi, è consigliabile pianificare il design della bordura e decidere la disposizione esatta lungo il percorso desiderato. È possibile tracciare la linea di piantagione con del gesso o dei picchetti per ottenere una disposizione precisa.

La piantagione a filare è una tecnica versatile e praticabile che consente di creare bordure ordinate e ben definite nel giardino, aggiungendo struttura e definizione agli spazi esterni.

Piantagione a caso

La piantagione a caso è una tecnica informale e creativa che consente ai giardinieri di creare un effetto naturale e spontaneo nel giardino. In questo metodo, i bulbi vengono distribuiti liberamente e casualmente nel letto del giardino senza seguire uno schema o un disegno prestabilito. Ecco alcuni aspetti da considerare riguardo a questa tecnica:

La piantagione a caso imita l'aspetto dei bulbi che si diffondono liberamente in natura, creando un effetto più informale e spontaneo nel giardino. Questo metodo è particolarmente adatto per giardini rustici, selvatici o naturalistici.

Distribuendo i bulbi in modo casuale, si crea una varietà di altezze, colori e forme che aggiungono interesse visivo al giardino. Questo approccio consente di sperimentare con combinazioni diverse e di ottenere effetti unici e personalizzati.

La piantagione a caso offre un'opportunità per esprimere la propria creatività e personalità nel giardino. I giardinieri possono lasciarsi ispirare dalla natura e piantare i bulbi seguendo il loro istinto e le loro preferenze estetiche.

Nonostante la natura casuale della piantagione, è importante distribuire i bulbi in modo equilibrato per evitare accumuli e garantire una copertura uniforme del letto del giardino. Si possono concentrare più bulbi in alcune aree per creare punti focali, ma è importante mantenere un aspetto bilanciato complessivo.

Quando si pianifica la piantagione a caso, è utile considerare l'altezza e il periodo di fioritura delle varie specie di bulbi. Posizionare le piante più alte verso il retro del letto del giardino e le più basse verso il davanti può aiutare a creare una prospettiva visiva equilibrata.

Anche se la piantagione a caso può sembrare meno strutturata, è comunque importante fornire una manutenzione adeguata ai bulbi dopo la piantagione. Questo può includere l'irrigazione regolare, la rimozione delle erbacce e la fertilizzazione stagionale per garantire una crescita sana e una fioritura abbondante.

La piantagione a caso è un approccio versatile e libero che consente ai giardinieri di esprimere la propria creatività e di creare un giardino unico e caratteristico. Questa tecnica può aggiungere un tocco di spontaneità e bellezza naturale agli spazi esterni.

Profondità e distanza di piantagione

La profondità e la distanza di piantagione dei bulbi sono due aspetti fondamentali da considerare per garantire una crescita sana e una fioritura abbondante delle piante.

La profondità di piantagione dipende spesso dalle dimensioni del bulbo. In generale, i bulbi più grandi tendono ad essere piantati più in profondità rispetto ai bulbi più piccoli. Ad esempio, i bulbi di tulipano, che sono relativamente grandi, sono solitamente piantati a una profondità di circa 10-15 cm, mentre i bulbi più piccoli come quelli dei crochi possono essere piantati a una profondità di 5-8 cm.

Piantare i bulbi a una profondità appropriata li protegge dalle intemperie, inclusi il gelo invernale e il surriscaldamento estivo. Una piantagione troppo superficiale potrebbe rendere i bulbi vulnerabili alle variazioni estreme di temperatura e ai danni causati dalle intemperie.

La piantagione a una profondità adeguata fornisce alle radici dei bulbi un ambiente stabile e protetto per svilupparsi. Questo favorisce una crescita radicale sana e robusta, che a sua volta porta a piante più vigorose e una fioritura più abbondante.

La distanza di piantagione dipende anche dal tipo di pianta e dalle sue esigenze di crescita. In generale, le piante più grandi e vigorose richiedono una distanza maggiore rispetto alle piante più piccole e compatte. Ad esempio, i gladioli, con i loro fusti alti, sono solitamente piantati a una distanza di circa 15-20 cm l'uno dall'altro, mentre i crochi possono essere piantati più vicini, a circa 5-8 cm di distanza.

Piantare i bulbi a una distanza adeguata consente alle piante di avere spazio sufficiente per svilupparsi e crescere senza competere eccessivamente tra loro per risorse come la luce solare, l'acqua e i nutrienti. Questo aiuta a ottimizzare l'uso dello spazio nel giardino e a evitare il sovraffollamento che potrebbe compromettere la crescita e la salute delle piante.

La distanza di piantagione influisce anche sull'aspetto visivo complessivo del giardino. Una distanza adeguata tra le piante permette loro di crescere in modo uniforme e di mantenere una forma e una struttura attraenti. Questo è particolarmente importante per le piante bulbose che tendono a formare gruppi o mazzi di fiori.

4.3 Irrigazione e Nutrizione

Esigenze idriche

Le esigenze idriche specifiche dei bulbi fioriti dipendono da diversi fattori, tra cui il tipo di bulbo, il clima locale, il tipo di terreno e lo stadio di crescita delle piante.

Durante la fase di crescita attiva, che segue immediatamente la piantagione e precede la fioritura, i bulbi hanno bisogno di un'irrigazione regolare per favorire lo sviluppo radicale e la crescita delle piante. È importante mantenere il terreno uniformemente umido senza farlo diventare eccessivamente bagnato, poiché l'acqua in eccesso può causare il marciume delle radici.

Durante il periodo di fioritura, le esigenze idriche dei bulbi possono variare a seconda delle condizioni ambientali, come la temperatura e l'umidità. In generale, è consigliabile mantenere il terreno leggermente umido per sostenere la fioritura ottimale delle piante. Evitare irrigazioni eccessive che potrebbero causare il ristagno idrico intorno ai bulbi, il che potrebbe portare alla decomposizione o alla malattia.

Durante il periodo di dormienza, che segue la fioritura e dura fino alla prossima stagione di crescita attiva, i bulbi hanno bisogno di meno acqua poiché sono inattivi. È importante ridurre gradualmente le irrigazioni e consentire al terreno di asciugarsi leggermente tra un'irrigazione e l'altra per evitare problemi come la putrefazione dei bulbi.

Il monitoraggio delle condizioni del terreno è essenziale per garantire un'irrigazione adeguata. Si dovrebbe verificare regolarmente l'umidità del terreno mediante l'ispezione visiva e il tocco del terreno. Inoltre, è utile utilizzare strumenti come igrometri o sonde per il monitoraggio dell'umidità del terreno in profondità.

Durante la fase di crescita attiva, è importante fornire un'irrigazione profonda che penetri fino alle radici dei bulbi. Questo incoraggia lo sviluppo di un sistema radicale sano e robusto e aiuta le piante a sopportare periodi di siccità.

Fertilizzanti e loro applicazione

Per garantire una crescita sana e una fioritura abbondante dei bulbi fioriti, è importante fornire loro i nutrienti necessari attraverso l'applicazione appropriata dei fertilizzanti.

Questi fertilizzanti contengono una miscela equilibrata di nutrienti essenziali come azoto (N), fosforo (P), e potassio (K), oltre a micronutrienti come zinco, ferro e manganese. Sono ideali per promuovere una crescita sana e una fioritura vigorosa.

I fertilizzanti a lenta cessione rilasciano gradualmente i nutrienti nel terreno nel corso del tempo, fornendo un'alimentazione costante alle piante. Sono particolarmente utili per i bulbi poiché possono fornire nutrienti durante l'intero ciclo di crescita.

I fertilizzanti organici, come il compost, il letame e le farine di ossa, forniscono nutrienti alle piante in modo naturale e sostenibile. Possono migliorare la struttura del terreno e favorire la salute del suolo.

È utile incorporare il fertilizzante nel terreno prima della piantagione dei bulbi per assicurarsi che abbiano accesso ai nutrienti fin dall'inizio.

Durante la fase di crescita attiva, è possibile applicare fertilizzanti liquidi o granulari intorno ai bulbi per fornire un apporto aggiuntivo di nutrienti.

Dopo la fioritura, è consigliabile applicare un fertilizzante ad alto tenore di potassio per favorire lo sviluppo dei bulbi e prepararli per la successiva stagione di crescita.

I fertilizzanti granulari possono essere sparsi uniformemente sulla superficie del terreno intorno ai bulbi e quindi leggermente incorporati nel terreno con un rastrello o una zappa.

I fertilizzanti liquidi possono essere diluiti in acqua e applicati direttamente intorno ai bulbi usando un annaffiatoio o un sistema di irrigazione a goccia.

È importante seguire attentamente le istruzioni sulle confezioni dei fertilizzanti per determinare il dosaggio corretto e evitare sovra-fertilizzazione, che potrebbe danneggiare le piante.

La frequenza di applicazione dei fertilizzanti dipende dalle esigenze specifiche delle piante e dal tipo di fertilizzante utilizzato. In generale, è consigliabile applicare fertilizzanti a basso dosaggio più frequentemente rispetto a quelli ad alto dosaggio.

Capitolo 5: Problemi e Soluzioni nella Coltivazione dei Bulbi

5.1 Malattie Comuni

Malattie fungine e batteriche

Le malattie fungine e batteriche possono rappresentare una minaccia per i bulbi fioriti, compromettendo la loro salute e la loro fioritura. Ecco alcune delle malattie più comuni e le relative strategie di prevenzione e trattamento:

Malattie Fungine:

La muffa grigia, causata dal fungo Botrytis, è una malattia comune che colpisce i bulbi fioriti, nonché molte altre piante ornamentali e coltivate.

La muffa grigia può provocare la decomposizione dei bulbi e delle radici, compromettendo la salute della pianta e causandone il deperimento.

Si manifesta con macchie necrotiche sulle foglie e sui fiori, che possono inizialmente essere di colore marrone chiaro per poi assumere una tonalità grigiastra o brunastro scuro. Queste macchie possono espandersi rapidamente, compromettendo la struttura dei tessuti e riducendo la capacità fotosintetica delle foglie.

La muffa grigia si sviluppa prevalentemente in ambienti umidi e freddi, soprattutto durante la primavera e l'autunno, quando le condizioni sono più favorevoli alla sua crescita. Il fungo si diffonde attraverso spore che possono trasportarsi attraverso l'aria, l'acqua o attraverso il contatto diretto tra le piante.

Assicurarsi che il terreno abbia un adeguato drenaggio per evitare il ristagno d'acqua intorno ai bulbi, poiché l'umidità eccessiva favorisce lo sviluppo della muffa grigia.

Mantenere una buona ventilazione intorno alle piante può aiutare a ridurre l'umidità e a prevenire il rischio di infezione.

Evitare l'eccesso di irrigazione, specialmente durante le stagioni umide, per ridurre l'umidità nel terreno e prevenire la proliferazione della muffa grigia.

Rimuovere prontamente le foglie e i fiori infetti per evitare la diffusione della malattia.

In casi gravi, è possibile ricorrere all'uso di fungicidi specifici per il controllo della muffa grigia, seguendo le indicazioni del produttore e adottando le misure di sicurezza appropriate.

La prevenzione è fondamentale per gestire con successo la muffa grigia. Mantenere una buona igiene delle piante, monitorare attentamente lo sviluppo delle malattie e intervenire prontamente in caso di segni di infezione possono contribuire a limitare i danni causati da questa malattia fungina.

La muffa bianca, causata dal fungo Sclerotinia, è un'altra malattia fungina comune che può colpire i bulbi fioriti e altre piante ornamentali. Ecco alcuni punti importanti da considerare riguardo a questa malattia:

La muffa bianca può provocare il marciume dei bulbi, causando il loro deperimento e compromettendo la salute della pianta nel complesso.

Si manifesta con macchie necrotiche sulle foglie e sui fiori, che possono inizialmente essere di colore bianco o grigio pallido. Queste macchie possono espandersi rapidamente, portando alla necrosi dei tessuti e compromettendo la funzione fotosintetica delle foglie.

Il fungo produce scleroti, strutture di sopravvivenza resistenti che possono persistere nel terreno e infettare le piante successive.

Il fungo Sclerotinia si sviluppa in ambienti umidi e freschi, dove le spore possono diffondersi facilmente attraverso l'aria, l'acqua o attraverso il contatto diretto tra le piante. I bulbi infetti possono ospitare le spore del fungo, che possono rimanere dormienti nel terreno e infettare nuove piante durante le stagioni successive.

Rimuovere prontamente le parti infette delle piante e scartare i bulbi gravemente colpiti può contribuire a ridurre il rischio di diffusione della malattia.

Evitare di piantare le stesse specie di bulbi nella stessa area per periodi prolungati, in modo da ridurre l'accumulo di scleroti nel terreno.

Mantenere una buona ventilazione intorno alle piante può aiutare a ridurre l'umidità e a prevenire la proliferazione della muffa bianca.

Evitare l'eccesso di irrigazione per ridurre l'umidità nel terreno e limitare le condizioni favorevoli alla crescita del fungo.

In caso di infestazioni gravi, è possibile ricorrere all'uso di fungicidi specifici per il controllo della muffa bianca, seguendo le indicazioni del produttore e adottando le misure di sicurezza appropriate.

La gestione della muffa bianca richiede una combinazione di misure preventive e interventi curativi, con un'attenzione particolare alla riduzione dell'umidità e alla promozione della buona igiene delle piante.

Il marciume radicale causato dai funghi Pythium e Phytophthora è una malattia comune che colpisce le radici dei bulbi, compromettendo la salute generale della pianta. Ecco un approfondimento su questo aspetto:

I funghi Pythium e Phytophthora attaccano le radici dei bulbi, causando il loro deperimento e la comparsa di macchie scure o acquose.

A causa della compromissione delle radici, le piante colpite possono mostrare sintomi di deperimento generale, come ingiallimento delle foglie, appassimento e ridotta crescita.

Le piante possono mostrare un aspetto afflosciato o appiattito a causa del deperimento delle radici, e possono alla fine morire se non trattate.

I funghi Pythium e Phytophthora prosperano in terreni umidi e freddi, dove possono sopravvivere per lungo tempo. Le loro spore possono diffondersi attraverso l'acqua del suolo o di irrigazione, contaminando le radici delle piante e causando l'infezione.

Mantenere un buon drenaggio del suolo può aiutare a ridurre l'umidità e a limitare le condizioni favorevoli alla crescita dei funghi responsabili del marciume radicale.

Rimuovere prontamente le piante infette e scartare i bulbi gravemente colpiti può ridurre il rischio di diffusione della malattia nel giardino.

Evitare di coltivare le stesse specie di bulbi nella stessa area per periodi prolungati può ridurre l'accumulo di patogeni nel terreno.

Utilizzare substrati sterilizzati per la piantagione dei bulbi può ridurre il rischio di contaminazione da funghi patogeni.

In casi gravi, è possibile ricorrere all'uso di fungicidi specifici per il controllo dei funghi Pythium e Phytophthora. È importante seguire attentamente le istruzioni del produttore e adottare le misure di sicurezza appropriate durante l'applicazione.

La gestione del marciume radicale causato dai funghi Pythium e Phytophthora richiede una combinazione di pratiche culturali, misure preventive e interventi curativi, con un'attenzione particolare alla gestione dell'umidità del suolo e alla promozione della buona igiene delle piante.

Malattie Batteriche:

Il marciume batterico è una malattia che può influenzare i bulbi e le radici delle piante, causando deperimento e marciume. Ecco un approfondimento su questo aspetto:

Il batterio attacca i tessuti dei bulbi e delle radici, causando deperimento e formazione di zone scure e molli.

Si possono formare macchie acquose, brunastre o nere sulle foglie e sui fiori delle piante infette.

Le piante colpite mostrano spesso sintomi di deperimento generale, come ingiallimento delle foglie, appassimento e ridotta crescita.

Il marciume batterico è spesso causato da batteri che si trovano nel suolo o che possono essere trasportati da insetti, attrezzi da giardinaggio o acqua. Questi batteri possono penetrare nei tessuti delle piante attraverso lesioni o ferite e diffondersi all'interno della pianta, causando danni.

Ridurre al minimo le ferite alle piante e praticare buone pratiche di igiene nel giardino, come la pulizia degli attrezzi da giardinaggio, può contribuire a prevenire la diffusione del marciume batterico.

Mantenere un buon drenaggio del suolo può aiutare a ridurre l'umidità e a limitare le condizioni favorevoli alla crescita dei batteri responsabili del marciume batterico.

Evitare di coltivare le stesse specie di bulbi nella stessa area per periodi prolungati può ridurre l'accumulo di batteri nel terreno.

In casi gravi, è possibile ricorrere all'uso di prodotti battericidi specifici per il controllo del marciume batterico. È importante seguire attentamente le istruzioni del produttore e adottare le misure di sicurezza appropriate durante l'applicazione.

La gestione del marciume batterico richiede una combinazione di pratiche culturali, misure preventive e interventi curativi, con un'attenzione particolare alla gestione dell'igiene delle piante e al mantenimento di condizioni di crescita ottimali.

La bruciatura batterica è una malattia che può colpire i bulbi e altre parti delle piante, causando necrosi e danni ai tessuti.

La malattia causa la morte dei tessuti delle piante, che si manifesta come macchie scure, necrosi o morte tissutale sui bulbi, sulle foglie, sui fiori o su altre parti della pianta.

Le piante colpite possono mostrare sintomi di appassimento, ingiallimento delle foglie e deperimento generale.

Le lesioni causate dalla bruciatura batterica possono essere umide, melmose o viscide, e possono emanare un odore sgradevole.

La bruciatura batterica è causata da batteri patogeni che possono essere trasportati dal suolo, dall'acqua, dagli insetti o da altri vettori. Questi batteri possono penetrare nei tessuti delle piante attraverso ferite, tagli o lesioni e diffondersi all'interno della pianta, causando danni e necrosi.

Mantenere un giardino pulito e ordinato, rimuovendo le piante infette e riducendo al minimo le ferite alle piante, può contribuire a prevenire la diffusione della bruciatura batterica.

Evitare l'eccessiva irrigazione e assicurarsi che il terreno abbia un buon drenaggio può aiutare a ridurre l'umidità e a limitare le condizioni favorevoli alla crescita dei batteri responsabili della bruciatura batterica.

Evitare di coltivare le stesse specie di bulbi nella stessa area per periodi prolungati può ridurre l'accumulo di batteri nel terreno e prevenire la diffusione della malattia.

In casi gravi, è possibile ricorrere all'uso di prodotti battericidi specifici per il controllo della bruciatura batterica. È importante seguire attentamente le istruzioni del produttore e adottare le misure di sicurezza appropriate durante l'applicazione.

La gestione della bruciatura batterica richiede una combinazione di pratiche culturali, misure preventive e interventi curativi, con un'attenzione particolare alla gestione dell'igiene delle piante e al mantenimento di condizioni di crescita ottimali.

Prevenzione e trattamento

La prevenzione e il trattamento delle malattie fungine e batteriche nei bulbi fioriti sono quindi fondamentali per mantenere la salute delle piante e garantire una fioritura vigorosa. Riassumendo:

Prevenzione:

Mantenere il giardino pulito e ordinato, rimuovendo regolarmente le piante morte o malate e riducendo al minimo il materiale vegetale in decomposizione, può ridurre il rischio di diffusione delle malattie.

Evitare di coltivare lo stesso tipo di bulbi nello stesso terreno per periodi prolungati può interrompere il ciclo delle malattie e ridurre l'accumulo di patogeni nel suolo.

Promuovere una buona circolazione dell'aria intorno alle piante può aiutare a ridurre l'umidità e a prevenire la formazione di condizioni favorevoli alla crescita dei funghi patogeni.

Evitare l'eccessiva irrigazione e l'accumulo di acqua intorno ai bulbi può ridurre il rischio di sviluppo di malattie fungine che prosperano in ambienti umidi.

Acquistare bulbi sani da fonti affidabili può ridurre il rischio di introdurre patogeni nel giardino.

Trattamento:

Rimuovere tempestivamente le piante infette può limitare la diffusione delle malattie all'interno del giardino.

Potare le parti della pianta infette o danneggiate può aiutare a controllare la diffusione delle malattie e promuovere la crescita di nuovi tessuti sani.

In casi gravi, l'applicazione di prodotti chimici specifici può essere necessaria per il controllo delle malattie. È importante seguire attentamente le istruzioni del produttore e adottare le precauzioni necessarie durante l'applicazione.

Mantenere le piante in buona salute attraverso la corretta irrigazione, la concimazione adeguata e la promozione di buone pratiche culturali può aumentare la loro resistenza alle malattie.

Talvolta, l'utilizzo di trattamenti biologici come batteri e funghi benefici può contribuire al controllo delle malattie senza l'uso di prodotti chimici sintetici.

5.2 Parassiti dei Bulbi

Insetti

Afidi

Gli afidi, conosciuti anche come pidocchi delle piante, rappresentano una minaccia per la salute delle piante, compresi i bulbi fioriti. Questi insetti sono piccoli e molli, e si nutrono succhiando la linfa dalle piante. La loro attività può indebolire le piante ospiti, compromettendo la loro salute generale e riducendo la qualità e la quantità dei fiori prodotti.

La presenza di afidi può causare diversi problemi alle piante. Oltre a indebolire la pianta succhiando la linfa, possono anche trasmettere virus e altre malattie alle piante, peggiorando ulteriormente le loro condizioni. Inoltre, l'eccessiva produzione di melata, una sostanza zuccherina escreta dagli afidi durante il loro pasto, può attirare la crescita di muffe nere superficiali, compromettendo ulteriormente la capacità della pianta di fotosintetizzare.

Per proteggere le piante dai danni causati dagli afidi, è importante adottare strategie di prevenzione e controllo appropriate. Queste possono includere pratiche culturali come la promozione della biodiversità nel giardino per incoraggiare i predatori naturali degli afidi, il monitoraggio regolare delle piante per individuare tempestivamente le infestazioni e l'adozione di misure per migliorare la resistenza delle piante agli attacchi di afidi, ad esempio attraverso una gestione ottimale dell'irrigazione e della concimazione.

Il controllo degli afidi può essere una sfida, ma con un'attenta osservazione e l'implementazione di strategie di gestione integrata delle infestazioni, è possibile ridurre l'impatto negativo di questi insetti sulle piante, inclusi i bulbi fioriti, preservando la loro salute e vitalità.

Cicaline dei gigli

Le cicaline dei gigli, conosciute anche come cicaline dei bulbi, sono insetti appartenenti alla famiglia dei Cicadellidae. Questi insetti, noti per il loro corpo allungato e le ali trasparenti, si nutrono succhiando la linfa dalle piante, inclusi i bulbi fioriti. Questa attività può causare danni e indebolimento della pianta, compromettendo la sua salute complessiva.

Oltre a danneggiare le piante succhiando la linfa, le cicaline dei gigli possono anche costituire una minaccia aggiuntiva trasmettendo malattie fungine attraverso i loro stili boccali pungenti. Questo comportamento alimentare può facilitare la diffusione di agenti patogeni, causando ulteriori danni alle piante.

La presenza di cicaline dei gigli può rappresentare una sfida per la salute delle piante, inclusi i bulbi fioriti. È importante monitorare attentamente le piante per individuare tempestivamente la presenza di questi insetti e adottare misure appropriate per proteggere le piante dai danni.

Cavolaie

Le larve di cavolaia, appartenenti alla famiglia dei lepidotteri, sono noti insetti dannosi per i bulbi, in quanto si nutrono masticando i tessuti delle piante. Questo comportamento può causare danni significativi ai bulbi, compromettendo la loro salute e riducendo la qualità delle piante.

Le cavolaie rappresentano una sfida per i giardinieri, poiché possono causare danni considerevoli alle coltivazioni di bulbi. È importante essere consapevoli della loro presenza e adottare misure adeguate per proteggere i bulbi e le piante circostanti.

Talpe dei bulbi

Le talpe dei bulbi sono insetti che possono causare danni significativi ai bulbi delle piante nutrendosi di essi. Sono piccoli e spesso difficili da individuare, ma i loro danni possono compromettere la salute e la crescita delle piante.

Questi insetti si nutrono dei bulbi delle piante, danneggiandoli e compromettendo la loro capacità di crescere e fiorire in modo sano. Quando le talpe dei bulbi danneggiano i bulbi, possono ridurre la produzione di fiori e persino compromettere la sopravvivenza stessa delle piante nel lungo termine.

I danni diretti causati dalle talpe dei bulbi possono includere la perforazione dei bulbi e il consumo dei tessuti interni, rendendo i bulbi non in grado di sostenere la crescita delle piante. Questo danneggiamento può manifestarsi come marciume o decomposizione dei bulbi, causando perdite significative nelle colture

Nematodi

Nematodi delle radici

I nematodi delle radici sono microrganismi che possono infettare le radici dei bulbi, causando danni alle piante. Questi parassiti possono compromettere il sistema radicale, ostacolando l'assorbimento dei nutrienti e dell'acqua necessari per la crescita sana delle piante. Quando infestano i bulbi, possono comprometterne la salute e ridurre la loro capacità di sviluppare e prosperare.

La presenza di nematodi delle radici può rappresentare una sfida per i giardinieri, poiché possono danneggiare le colture di bulbi e ridurre la resa complessiva delle piante.

Nematodi delle lesioni del bulbo

I nematodi delle lesioni del bulbo sono microrganismi che possono causare danni diretti ai bulbi delle piante, compromettendo la loro qualità e riducendo la resa complessiva delle colture. Questi parassiti infettano i bulbi, causando lesioni e danni strutturali che possono influenzare negativamente la salute e la vitalità delle piante.

La presenza di nematodi delle lesioni del bulbo può essere problematica per i coltivatori, poiché possono danneggiare i bulbi durante la fase di crescita e sviluppo, riducendo la loro capacità di produrre piante sane e robuste. Questo può avere conseguenze negative sulla produzione agricola e sulla qualità complessiva delle colture di bulbi.

Gli effetti dei nematodi delle lesioni del bulbo possono essere evidenti durante la stagione di crescita, quando i bulbi possono mostrare segni di danni strutturali, comprese lesioni superficiali o profonde che compromettono la salute e la vitalità della pianta. Questo può influenzare negativamente la resa complessiva delle piante e la qualità dei bulbi prodotti.

Metodi di controllo biologico e chimico

I metodi di controllo biologico e chimico sono strategie utilizzate per gestire i parassiti dei bulbi, compresi gli insetti e i nematodi, al fine di proteggere le colture e garantire una produzione sana e di alta qualità. Questi metodi possono essere adottati singolarmente o in combinazione, a seconda delle esigenze specifiche delle colture e delle condizioni ambientali.

Controllo Biologico:

Introduzione di predatori naturali degli insetti dannosi

L'uso dei predatori naturali per il controllo degli insetti dannosi è un metodo efficace e sostenibile che si basa sull'introduzione di organismi che si nutrono degli insetti parassiti senza arrecare danni alle colture. Ecco alcuni dei predatori naturali più comuni utilizzati per il controllo biologico degli insetti nei giardini e nelle coltivazioni di bulbi:

Coccinelle (Coleoptera: Coccinellidae):

Le coccinelle sono forse tra i predatori naturali più conosciuti e utilizzati per il controllo degli insetti parassiti. Sono noti per nutrirsi di afidi, tripidi e altri insetti dannosi presenti sui bulbi e nelle piante. Le larve delle coccinelle, anch'esse predatrici di insetti, possono essere particolarmente efficaci nel ridurre le popolazioni di afidi e altri insetti dannosi.

Crisopeidi (Neuroptera: Chrysopidae):

I crisopeidi, noti anche come "mosche verdi" o "leoni verdi", sono predatori versatili che si nutrono di una varietà di insetti dannosi, tra cui afidi, acari, larve di lepidotteri e altri piccoli insetti. Le larve dei crisopeidi sono particolarmente voraci e possono consumare grandi quantità di prede durante il loro sviluppo.

Epterigidi (Hymenoptera: Braconidae, Ichneumonidae):

Gli epterigidi sono una famiglia di insetti imenotteri che comprende numerose specie parassitoidi che prendono di mira una vasta gamma di insetti dannosi. Questi insetti depositano le loro uova all'interno degli insetti ospiti, dove le larve si sviluppano e alla fine li uccidono. Gli epterigidi sono utili per il controllo di larve di lepidotteri, afidi, mosche bianche e altri insetti parassiti.

Mantidi (Mantodea):

Le mantidi, comunemente conosciute come mantidi religiose, sono predatori voraci che cacciano una varietà di insetti, compresi afidi, mosche, grilli, e altri insetti dannosi. La loro capacità di cacciare attivamente li rende efficaci nel ridurre le popolazioni di insetti parassiti nei giardini e nelle coltivazioni di bulbi.

L'introduzione di predatori naturali può essere facilitata attraverso l'acquisto di insetti predatori da fornitori specializzati o attraverso l'implementazione di strategie per favorire la presenza di questi organismi nel proprio ambiente, come la piantagione di piante ospiti per le larve o la creazione di habitat favorevoli. Utilizzando predatori naturali, è possibile ridurre la dipendenza dagli insetticidi chimici e promuovere un equilibrio ecologico nei giardini e nelle coltivazioni.

Utilizzo di parassitoidi specifici

Gli insetti parassitoidi, come alcune specie di vespe parassitoidi, svolgono un ruolo cruciale nel controllo naturale delle popolazioni di insetti dannosi. Questi insetti depositano le loro uova all'interno o sulla superficie degli insetti ospiti, e le larve che ne emergono si nutrono dell'ospite, causandone la morte. Questo processo aiuta a mantenere sotto controllo le popolazioni di insetti dannosi in modo mirato e sostenibile. Alcune caratteristiche e applicazioni degli insetti parassitoidi:

Gli insetti parassitoidi sono spesso molto specifici riguardo all'ospite che attaccano, selezionando solo determinate specie o stadi di sviluppo dell'ospite per deporre le loro uova.

Gli insetti parassitoidi completano il loro ciclo di vita all'interno o sulla superficie dell'ospite. Le larve si sviluppano all'interno dell'ospite, nutrendosene, fino alla fase adulta, quando emergono per riprodursi.

Poiché gli insetti parassitoidi sono spesso specifici per un particolare ospite, il loro utilizzo consente un controllo mirato delle popolazioni di insetti dannosi senza danneggiare altri organismi non bersaglio.

Gli insetti parassitoidi possono essere meno suscettibili allo sviluppo di resistenza rispetto agli insetticidi chimici, poiché agiscono in modo diverso, utilizzando l'ospite come risorsa per la loro progenie.

Gli insetti parassitoidi possono essere acquistati da fornitori specializzati e rilasciati nelle coltivazioni di bulbi per il controllo biologico degli insetti dannosi.

Creare habitat favorevoli per gli insetti parassitoidi, ad esempio fornendo rifugi e risorse alimentari, può incoraggiarne la presenza e aumentarne l'efficacia nel controllo degli insetti dannosi.

Monitorare regolarmente le popolazioni di insetti dannosi e intervenire con il rilascio di insetti parassitoidi quando necessario può contribuire a mantenere sotto controllo gli insetti dannosi in modo ecologico e sostenibile.

L'uso di insetti parassitoidi come parte di un approccio integrato alla gestione dei parassiti può ridurre la dipendenza dagli insetticidi chimici e promuovere la salute e l'equilibrio degli ecosistemi agricoli e naturali.

Applicazione di nematodi entomopatogeni nel suolo

I nematodi entomopatogeni sono microrganismi naturali che possono essere utilizzati efficacemente nel controllo biologico degli insetti dannosi, compresi quelli che attaccano i bulbi delle piante. Questi nematodi sono organismi microscopici che si muovono nel suolo in cerca di ospiti, solitamente larve di insetti, con cui interagire.

Esistono diverse specie di nematodi entomopatogeni che possono essere utilizzate per il controllo di insetti dannosi specifici. La scelta della specie dipende dall'insetto bersaglio e dalle condizioni ambientali del sito.

I nematodi entomopatogeni vengono generalmente forniti sotto forma di sospensione in acqua. Prima dell'applicazione, la soluzione contenente i nematodi deve essere adeguatamente diluita e miscelata per garantire una distribuzione uniforme nel suolo.

La soluzione contenente i nematodi viene applicata al suolo intorno ai bulbi delle piante o direttamente sulle radici. È importante che il terreno sia umido ma non saturato per consentire ai nematodi di muoversi liberamente e cercare gli insetti ospiti.

Una volta nel suolo, i nematodi entomopatogeni individuano gli insetti ospiti attraverso segnali chimici rilasciati dalle larve o attraverso il contatto fisico. Una volta che trovano l'ospite, i nematodi penetrano nel corpo dell'insetto attraverso aperture naturali o la cuticola.

Una volta all'interno dell'ospite, i nematodi rilasciano batteri simbionti che causano la morte dell'insetto. I batteri si moltiplicano all'interno dell'ospite, consumandone i tessuti e causandone la morte in pochi giorni o settimane.

I nematodi entomopatogeni sono sicuri per l'ambiente, le persone e gli animali domestici, poiché sono organismi naturali che non danneggiano gli organismi non bersaglio.

Le specie di nematodi possono essere selezionate in base all'insetto dannoso da controllare, garantendo un controllo mirato senza danneggiare altre specie.

L'uso di nematodi entomopatogeni fa parte di un approccio integrato alla gestione dei parassiti, riducendo la dipendenza dagli insetticidi chimici e promuovendo la salute degli ecosistemi.

L'applicazione di nematodi entomopatogeni nel controllo dei parassiti dei bulbi offre un'opzione ecologica, efficace e sostenibile per proteggere le coltivazioni senza danneggiare l'ambiente.

Utilizzo di funghi entomopatogeni

I funghi entomopatogeni sono microrganismi naturali che si trovano comunemente nell'ambiente e che possono essere utilizzati come agenti di controllo biologico per combattere gli insetti dannosi, compresi quelli che attaccano i bulbi delle piante.

Esistono diverse specie di funghi entomopatogeni che sono specifici per determinati insetti parassiti. La scelta del fungo dipende dall'insetto bersaglio e dalle condizioni ambientali del sito.

I funghi entomopatogeni vengono solitamente forniti sotto forma di formulazioni concentrate o in polvere. Prima dell'applicazione, devono essere diluiti in acqua o in una soluzione portante appropriata.

La sospensione contenente i funghi entomopatogeni viene applicata sulla superficie del terreno intorno ai bulbi delle piante o direttamente sui bulbi stessi. È importante che la sospensione venga distribuita uniformemente per massimizzare il contatto con gli insetti bersaglio.

Gli insetti parassiti entomopatogeni, come le larve, entrano in contatto con i funghi entomopatogeni presenti nel terreno o sulla superficie dei bulbi. I funghi possono penetrare negli insetti attraverso la cuticola o le aperture naturali.

Una volta all'interno dell'insetto, il fungo entomopatogeno inizia a crescere e proliferare, colonizzando i tessuti dell'ospite e causandone la morte. I funghi consumano gradualmente i tessuti dell'insetto, portando alla sua morte entro pochi giorni o settimane.

I funghi entomopatogeni sono considerati sicuri per l'ambiente, le persone e gli animali domestici, poiché sono microrganismi naturali che non causano danni agli organismi non bersaglio.

I funghi entomopatogeni sono spesso specifici per determinate specie di insetti, il che significa che non danneggiano altri organismi non bersaglio, come predatori naturali o impollinatori.

L'uso di funghi entomopatogeni fa parte di un approccio integrato alla gestione dei parassiti, riducendo la dipendenza dagli insetticidi chimici e promuovendo la salute degli ecosistemi.

L'utilizzo di funghi entomopatogeni nel controllo dei parassiti dei bulbi offre un'opzione ecologica, efficace e sostenibile per proteggere le coltivazioni e preservare la salute dell'ambiente

Controllo Chimico:

Insetticidi

L'utilizzo di insetticidi chimici rappresenta un metodo tradizionale per il controllo degli insetti dannosi ai bulbi e alle piante in generale.

Insetticidi a Contatto: Questi insetticidi agiscono quando gli insetti entrano in contatto diretto con il prodotto. Possono essere spruzzati sulle piante o applicati al suolo per trattare le infestazioni esistenti.

Insetticidi Sistemici: Questi insetticidi vengono assorbiti dalle piante e traslocati all'interno dei tessuti, offrendo protezione contro gli insetti che si nutrono delle piante. Possono essere applicati al suolo o tramite trattamenti fogliari.

Insetticidi a Ampio Spettro: Questi insetticidi sono progettati per controllare una vasta gamma di insetti dannosi. Possono avere un impatto negativo anche sugli insetti utili e sull'ambiente circostante.

Insetticidi Selettivi: Questi insetticidi sono mirati specificamente a determinate specie di insetti dannosi, riducendo al minimo l'impatto sugli organismi non bersaglio, come insetti benefici e impollinatori.

Modalità di Applicazione:

Gli insetticidi possono essere applicati direttamente sulle foglie delle piante utilizzando spruzzatori manuali o sistemi di irrorazione. Questa modalità è efficace per il controllo degli insetti che si nutrono delle parti aeree delle piante.

Gli insetticidi possono essere applicati al suolo intorno ai bulbi o alle piante, dove vengono assorbiti dalle radici e traslocati nei tessuti della pianta. Questo metodo è efficace per il controllo degli insetti del suolo.

Gli insetticidi chimici possono avere effetti collaterali negativi sugli organismi non bersaglio, come insetti benefici, uccelli, animali domestici e persino gli esseri umani. È importante seguire le istruzioni sull'etichetta per minimizzare il rischio di esposizione.

Gli insetticidi possono lasciare residui sulle piante e nel terreno, che possono persistere per un certo periodo e influenzare la salute del suolo e degli ecosistemi circostanti.

L'uso eccessivo o non corretto degli insetticidi può portare allo sviluppo di resistenza negli insetti bersaglio, rendendo gli insetticidi meno efficaci nel tempo.

L'applicazione di insetticidi chimici per il controllo degli insetti dannosi ai bulbi è una pratica comune, ma è importante adottare un approccio equilibrato, considerando gli impatti ambientali e di sicurezza e integrando strategie di controllo alternative quando possibile.

Nematicidi

I nematicidi sono composti chimici progettati per il controllo dei nematodi dannosi presenti nel suolo.

I nematicidi agiscono principalmente uccidendo i nematodi presenti nel suolo, interferendo con il loro ciclo vitale o danneggiando i loro tessuti.

Alcuni nematicidi possono anche agire come agenti preventivi, creando un ambiente sfavorevole per lo sviluppo e la proliferazione dei nematodi, riducendo così il rischio di danni alle radici dei bulbi.

I nematicidi vengono generalmente applicati al suolo, intorno alla zona radicale delle piante o direttamente nei solchi di piantagione dei bulbi. Questo consente ai composti di entrare in contatto con i nematodi nel terreno.

Alcuni nematicidi possono essere applicati tramite sistemi di irrigazione a goccia, che forniscono una distribuzione uniforme del composto nel suolo.

I nematicidi possono essere tossici per gli organismi non bersaglio, compresi altri organismi del suolo, insetti benefici e persino gli esseri umani. È importante seguire attentamente le istruzioni sull'etichetta e adottare misure di sicurezza appropriate durante l'applicazione.

I residui di nematicidi nel terreno possono persistere per un certo periodo dopo l'applicazione e possono influenzare la salute del suolo e degli organismi che vi vivono.

L'uso eccessivo o non corretto dei nematicidi può portare allo sviluppo di resistenza nei nematodi bersaglio, rendendo i composti meno efficaci nel tempo.

Quando possibile, è consigliabile considerare anche metodi di controllo biologico o integrato per gestire i nematodi dannosi, riducendo così la dipendenza dai nematicidi chimici.

L'utilizzo di nematicidi chimici per il controllo dei nematodi dannosi ai bulbi può essere efficace, ma è importante adottare un approccio olistico e considerare gli impatti ambientali e di sicurezza associati, integrando strategie di gestione alternative quando appropriato.

Fumigazione del Suolo

La fumigazione del suolo è una pratica agricola che implica l'applicazione di gas o vapori chimici al terreno per sterilizzarlo e ridurre o eliminare i parassiti dannosi, compresi insetti e nematodi. Questo processo è particolarmente utile quando si tratta di combattere organismi nocivi che si trovano nel terreno, dove altri metodi di controllo potrebbero non essere altrettanto efficaci.

Il fumigante utilizzato dipende dai parassiti presenti e dalle colture coltivate. I fumiganti comunemente utilizzati includono cloropicrina, metam sodio, bromuro di metile e altri composti chimici progettati per distruggere o indebolire i parassiti nel terreno.

Il fumigante viene applicato al terreno utilizzando attrezzature specializzate, come fumigatori a gas o sistemi di iniezione, per distribuire uniformemente il prodotto chimico nel suolo.

Dopo l'applicazione, il terreno viene sigillato utilizzando materiale plastico o teloni per trattenere i gas e i vapori nel suolo, favorendone la penetrazione e l'efficacia contro i parassiti.

Il terreno sigillato viene lasciato in queste condizioni per un periodo di tempo specifico, consentendo al fumigante di diffondersi e agire sui parassiti presenti nel suolo.

Dopo un periodo di esposizione, il terreno viene aerato per rimuovere i residui di fumigante e renderlo sicuro per la semina o la coltivazione delle piante.

La fumigazione del suolo è estremamente efficace nel controllo di una vasta gamma di parassiti del suolo, eliminando o riducendo significativamente le infestazioni future.

Può essere utilizzata su diverse colture e in diversi tipi di terreno, rendendola una soluzione versatile per il controllo dei parassiti del suolo.

Tuttavia, i tempi di ritorno possono essere lunghi, poiché il terreno deve essere adeguatamente aerato per renderlo sicuro per la semina o la coltivazione delle piante.

È importante prestare attenzione alla gestione dei fumiganti e al loro impatto sull'ambiente circostante e sulla salute umana, poiché alcuni fumiganti possono essere tossici e dannosi se non utilizzati correttamente.

In conclusione, la fumigazione del suolo è un importante strumento nel controllo dei parassiti del suolo, ma richiede una gestione attenta e consapevole per garantire risultati efficaci e minimizzare gli impatti ambientali e sulla salute.

Trattamenti Preventivi

I trattamenti preventivi sono un componente fondamentale della gestione integrata dei parassiti nei giardini e nell'agricoltura. Questi trattamenti implicano l'applicazione anticipata di prodotti chimici o biologici per proteggere le colture di bulbi dai parassiti prima che si verifichino infestazioni gravi.

Applicare trattamenti preventivi riduce la probabilità di un'infestazione significativa di parassiti, prevenendo danni alle colture di bulbi.

Agire preventivamente riduce la necessità di interventi correttivi più invasivi o aggressivi in seguito, risparmiando tempo, risorse e costi.

Mantenere le piante libere da parassiti favorisce la loro salute complessiva e migliora la qualità e la resa dei bulbi.

Identificare i potenziali parassiti e le minacce specifiche per le colture di bulbi nella tua area è il primo passo per determinare quali trattamenti preventivi adottare.

Scegliere i prodotti chimici o biologici appropriati in base ai parassiti mirati e alle esigenze delle colture. È essenziale utilizzare prodotti sicuri ed efficaci che non danneggino le piante o l'ambiente circostante.

Applicare i trattamenti preventivi in fasi chiave del ciclo di vita delle piante o prima dell'inizio delle condizioni favorevoli per l'attacco dei parassiti. Questo può includere la piantagione dei bulbi o durante le fasi di crescita attiva.

Assicurarsi di applicare i trattamenti in modo uniforme e completo per garantire una protezione adeguata a tutte le piante.

I trattamenti preventivi offrono una protezione a lungo termine contro i parassiti, riducendo la necessità di trattamenti ripetuti nel corso della stagione di crescita.

Prevenire le infestazioni di parassiti riduce i danni alle piante e ai bulbi, garantendo una crescita sana e una resa ottimale.

Ridurre la dipendenza da trattamenti correttivi più invasivi può contribuire a una gestione agricola più sostenibile, con minori impatti ambientali e sulla salute umana.

Inibitori di Crescita

Gli inibitori di crescita sono una classe di sostanze chimiche utilizzate per interferire con lo sviluppo e la riproduzione degli insetti e dei nematodi dannosi. Questi composti agiscono in vari modi per ostacolare la normale crescita e lo sviluppo degli organismi bersaglio, contribuendo al controllo delle loro popolazioni. Ecco alcuni aspetti da considerare riguardo all'uso degli inibitori di crescita:

Gli inibitori di crescita possono agire interferendo con i processi fisiologici chiave negli insetti e nei nematodi, come la metamorfosi, la sintesi degli ormoni o lo sviluppo dei tessuti.

Alcuni inibitori di crescita possono influenzare la fertilità o la riproduzione degli organismi bersaglio, riducendo così la loro capacità di proliferare e danneggiare le colture di bulbi.

Questi composti interferiscono con la normale crescita e sviluppo degli insetti, influenzando la formazione di cuticole, la metamorfosi o lo sviluppo degli organi riproduttivi.

Alcuni inibitori di crescita agiscono bloccando la produzione o l'azione degli ormoni cruciali per lo sviluppo e la riproduzione degli insetti, interrompendo così il loro ciclo di vita.

Gli inibitori di crescita possono essere applicati direttamente sul terreno o sulle piante colpite dai parassiti, garantendo un'esposizione mirata agli organismi bersaglio.

Sono disponibili diverse formulazioni di inibitori di crescita, compresi spruzzi, granuli o trattamenti a base di suolo, che possono essere utilizzati in base alle esigenze specifiche e al tipo di parassita.

Agendo specificamente sugli insetti e sui nematodi dannosi, gli inibitori di crescita riducono al minimo il rischio di danneggiare organismi non bersaglio o l'ambiente circostante.

Alcuni inibitori di crescita possono offrire un controllo prolungato delle popolazioni di parassiti, contribuendo a ridurre la necessità di trattamenti ripetuti.

Utilizzando sostanze mirate e meno invasive, gli inibitori di crescita possono contribuire a una gestione agricola più sostenibile, riducendo l'uso di pesticidi più ampiamente diffusi.

È importante adottare un'approccio integrato che combini diverse strategie di controllo biologico e chimico, tenendo conto della specificità dei parassiti, delle condizioni ambientali e delle esigenze delle colture per massimizzare l'efficacia e ridurre al minimo gli impatti ambientali e sulla salute umana.

5.3 Problemi Ambientali

Eccesso o carenza di acqua

L'eccesso o la carenza di acqua possono entrambi causare problemi significativi per le piante coltivate dai bulbi.

Eccesso di Acqua

L'eccesso di acqua nel terreno può portare a un'accumulazione di umidità intorno ai bulbi, favorendo la crescita di funghi patogeni che causano marciume. Questo può danneggiare i bulbi, indebolendo le piante e compromettendo la loro capacità di crescere e fiorire.

Le radici delle piante possono soffrire a causa della mancanza di ossigeno nel terreno dovuta all'eccessiva saturazione d'acqua, causando danni alle radici e compromettendo l'assorbimento dei nutrienti.

Un eccesso di acqua può influenzare negativamente il processo di fioritura, causando la formazione di boccioli deboli o malformati e la perdita di fiori.

Carenza di Acqua

La carenza di acqua può rallentare la crescita delle piante e influenzare negativamente lo sviluppo dei bulbi, riducendo la loro dimensione e il numero di fiori prodotti.

In caso di grave carenza d'acqua, le foglie delle piante di bulbi possono appassire e ingiallire, compromettendo la capacità della pianta di fotosintetizzare e accumulare nutrienti.

Una carenza prolungata d'acqua può ridurre significativamente il numero di fiori prodotti dalle piante di bulbi, compromettendo l'aspetto estetico del giardino e la resa complessiva.

È importante fornire alle piante di bulbi una quantità adeguata di acqua, evitando sia l'eccesso che la carenza. Monitorare attentamente le condizioni del terreno e irrigare solo quando necessario.

Assicurarsi che il terreno sia ben drenato per prevenire l'accumulo di acqua intorno ai bulbi. Aggiungere composti organici al terreno può migliorare la sua struttura e capacità di drenaggio.

Applicare uno strato di pacciame intorno alle piante di bulbi può aiutare a trattenere l'umidità nel terreno e ridurre l'evaporazione, aiutando a mantenere costanti i livelli d'acqua.

Selezionare varietà di bulbi adatte alle condizioni del suolo e del clima della propria area può contribuire a ridurre i rischi legati all'acqua e garantire il successo della coltivazione.

5.4 Stress termico

Lo stress termico può avere un impatto significativo sulle piante coltivate dai bulbi, poiché influisce sulla loro crescita, sviluppo e produzione di fiori.

Temperature estreme, sia elevate che basse, possono inibire la crescita delle piante di bulbi, rallentando lo sviluppo dei bulbi stessi e riducendo la produzione di fiori.

Il calore eccessivo può danneggiare i tessuti delle piante, causando bruciature sulle foglie, sui fiori e sui bulbi stessi. Il freddo intenso può provocare congelamento dei tessuti, compromettendo la salute generale della pianta.

Lo stress termico può influenzare negativamente il processo di fioritura, causando la formazione di boccioli deboli o il rilascio prematuro dei fiori. In alcuni casi, può portare anche alla sterilizzazione dei fiori, riducendo la capacità di impollinazione e di produzione di semi.

Le temperature estreme possono influenzare la qualità dei fiori prodotti dalle piante di bulbi, compromettendo la loro forma, dimensione, colore e profumo.

Proteggere le piante di bulbi dal calore eccessivo attraverso l'ombreggiatura può aiutare a mitigare gli effetti dello stress termico. L'utilizzo di tessuti ombreggianti, tende o strutture a pergola può ridurre l'esposizione diretta al sole nelle ore più calde della giornata.

Mantenere il terreno costantemente idratato può aiutare a ridurre gli effetti dello stress termico sulle piante di bulbi. Un'irrigazione regolare, soprattutto durante periodi di siccità o caldo estremo, può contribuire a mantenere le piante idratate e a ridurre il rischio di stress idrico associato alle alte temperature.

Scegliere varietà di bulbi più adattabili alle temperature estreme della propria area può contribuire a ridurre il rischio di stress termico e migliorare le prestazioni complessive delle piante.

L'utilizzo di pacciame intorno alle piante di bulbi può aiutare a mantenere la temperatura del terreno più costante e ridurre l'evaporazione dell'umidità, proteggendo le radici dai danni causati dal freddo e dal calore eccessivo.

Durante i mesi più freddi, proteggere le piante di bulbi dal gelo e dalle basse temperature può contribuire a ridurre gli effetti dello stress termico. L'utilizzo di coperture protettive come teli o teli non tessuti può fornire un'ulteriore protezione contro le condizioni atmosferiche avverse.

Capitolo 6: Propagazione dei Bulbi

6.1 Tecniche di Propagazione

Divisione dei bulbi

La divisione dei bulbi è una delle tecniche più comuni e semplici utilizzate per propagare le piante bulbose. Questo processo coinvolge la separazione dei bulbi adulti in sezioni più piccole, o bulbilli, che possono essere piantati per produrre nuove piante.

La scelta del momento adeguato per la divisione dei bulbi è cruciale per garantire il successo della propagazione e la salute delle nuove piante. Ecco perché la divisione dei bulbi viene solitamente eseguita in autunno, ma può essere eseguita anche in primavera in determinate circostanze.

In molti casi, l'autunno rappresenta il periodo in cui le piante bulbose entrano in uno stato di riposo vegetativo naturale. Durante questo periodo, la crescita attiva è rallentata o interrotta, il che facilita la manipolazione e la divisione dei bulbi senza causare troppo stress alle piante.

La divisione dei bulbi in autunno consente alle nuove piante di stabilirsi nel terreno prima dell'arrivo della stagione di crescita primaverile. Questo offre alle piante una migliore opportunità di radicamento e adattamento prima che inizi il periodo di crescita attiva.

Le piante divise in autunno hanno il tempo di sviluppare radici robuste prima dell'arrivo delle temperature invernali. Questo aumenta la loro capacità di resistere alle gelate e di sopravvivere ai rigori dell'inverno.

Alcune piante bulbose possono essere divise con successo in primavera, soprattutto dopo la fioritura. Questo è particolarmente vero per le piante che producono bulbi più delicati o che possono beneficiare di una fioritura iniziale prima della divisione.

La divisione in primavera offre l'opportunità di monitorare attentamente le piante madri durante il periodo di crescita attiva e di identificare i bulbi pronti per la divisione in base alla loro crescita e alla loro fioritura.

La divisione in primavera consente alle nuove piante di adattarsi rapidamente alle condizioni ambientali favorevoli della stagione primaverile, accelerando il processo di radicamento e crescita.

Estrazione dei Bulbi

L'estrazione dei bulbi è una fase critica nella divisione e nella propagazione delle piante bulbose.

Assicurarsi di estrarre i bulbi nel momento ottimale per la pianta specifica.

Utilizzare strumenti appropriati per l'estrazione dei bulbi, come una vanga da giardino o un forcone a denti larghi. È importante scegliere strumenti che non danneggino i bulbi durante l'estrazione.

Per estrarre i bulbi, scavare attorno alla pianta madre, mantenendo una certa distanza dai bulbi stessi per evitare danni. Fare attenzione a non danneggiare i bulbi durante questo processo, poiché possono essere delicati e vulnerabili.

Una volta che i bulbi sono esposti, sollevarli con cura utilizzando le mani o uno strumento da giardinaggio.

Prestare attenzione a non danneggiare le radici o danneggiare i bulbi durante questa operazione.

Separazione dei bulbi

La separazione dei bulbi è un passaggio cruciale nella preparazione per la propagazione, che consente di ottenere più piante a partire da un singolo bulbo.

Dopo l'estrazione, ogni bulbo viene esaminato attentamente per individuare eventuali danni, malattie o segni di deperimento. È importante rimuovere eventuali bulbi danneggiati o marci per evitare la diffusione di problemi agli altri bulbi.

I bulbi vengono quindi separati in sezioni più piccole, assicurandosi che ogni sezione abbia almeno un germoglio o "occhio". Questo occhio è il punto di crescita da cui si svilupperà la nuova pianta. La separazione deve essere eseguita con cura per evitare danni ai germogli e alle radici.

: Le sezioni più piccole possono variare a seconda della dimensione e del tipo di bulbo. Alcuni bulbi possono essere divisi in sezioni più grandi, mentre altri richiedono una separazione più fine per garantire che ciascuna sezione abbia abbastanza risorse per svilupparsi in una pianta sana.

È consigliabile utilizzare attrezzi puliti e affilati durante il processo di separazione dei bulbi per ridurre il rischio di danneggiare i tessuti e favorire una guarigione più rapida.

La separazione dei bulbi richiede una certa esperienza e pratica per essere eseguita correttamente. Con il tempo, i giardinieri sviluppano un'abilità nel riconoscere i bulbi sani, individuare gli occhi di crescita e separarli con precisione.

La divisione dei bulbi viene solitamente eseguita poco prima del periodo di piantagione ideale per la specifica pianta. Questo assicura che le nuove piante abbiano abbastanza tempo per stabilirsi e radicare prima dell'arrivo della stagione di crescita attiva.

Pulizia dei Bulbi

La pulizia dei bulbi è un passaggio cruciale dopo l'estrazione e prima della conservazione o della successiva piantagione.

Dopo l'estrazione, esaminare attentamente ogni bulbo per individuare eventuali danni, segni di malattia o presenza di parassiti. Controllare la superficie esterna e l'interno del bulbo per assicurarsi che sia sano e privo di difetti evidenti.

Rimuovere con delicatezza qualsiasi residuo di terra o detriti che potrebbero essere aderenti alla superficie dei bulbi. È possibile farlo manualmente, usando le dita per strofinare delicatamente via la terra in eccesso, o con l'ausilio di un pennello morbido. Evitare di danneggiare la pelle esterna o di rimuovere parti vitali del bulbo durante questo processo.

Se durante l'ispezione si rilevano danneggiamenti o segni di malattia, è consigliabile intervenire prontamente. Rimuovere le parti danneggiate o infette del bulbo con un coltello affilato e disinfettato per prevenire la diffusione di malattie o infezioni.

Dopo la pulizia, assicurarsi che i bulbi siano completamente asciutti prima di conservarli o di procedere con la piantagione. L'umidità residua può favorire la crescita di muffe o funghi durante lo stoccaggio.

Stoccaggio Adeguato

Lo stoccaggio adeguato dei bulbi è essenziale per mantenere la loro salute e vitalità durante il periodo di dormienza o prima della piantagione.

Conservare i bulbi in un ambiente fresco e asciutto, con una temperatura costante che non superi i 10-15°C. Evitare luoghi soggetti a sbalzi di temperatura e umidità, come cantine umide o soffitte calde.

Evitare l'esposizione diretta alla luce del sole, poiché questa può causare la secchezza e il deterioramento dei bulbi. Conservarli in contenitori opachi o in sacchetti di carta che li proteggano dalla luce.

Assicurarsi che i bulbi siano conservati in un luogo ben ventilato per prevenire la formazione di muffe o marciume. Evitare l'accumulo di umidità intorno ai bulbi, che potrebbe favorire la crescita di funghi dannosi.

Evitare di sovrapporre o ammassare troppo i bulbi durante lo stoccaggio, poiché ciò potrebbe causare danni o marciume. Posizionarli in modo che abbiano spazio sufficiente per respirare e per prevenire la contaminazione incrociata.

Proteggere i bulbi dall'accesso dei roditori o altri animali che potrebbero danneggiarli durante lo stoccaggio. Utilizzare contenitori sigillati o reti metalliche per evitare che vengano danneggiati o mangiati.

Controllare periodicamente i bulbi durante il periodo di stoccaggio per individuare eventuali segni di malattie o deterioramento. Rimuovere eventuali bulbi danneggiati o marci per prevenire la diffusione di problemi agli altri bulbi.

Propagazione da semi

La propagazione da semi è un metodo comune per aumentare il numero di piante bulbose.

Raccolta dei Semi

La raccolta dei semi è una fase cruciale nel processo di propagazione da semi delle piante bulbose.

I semi devono essere raccolti quando sono completamente maturi. Questo periodo varia da pianta a pianta e può essere identificato osservando le caratteristiche specifiche dei semi stessi. Ad esempio, i semi possono cambiare colore o sviluppare una consistenza più dura quando sono pronti per la raccolta.

La raccolta dei semi di solito avviene dopo che i fiori sono appassiti e i semi iniziano a svilupparsi. In questo momento, i semi sono nella loro fase di massima maturazione e sono pronti per essere raccolti.

È essenziale raccogliere i semi in modo tempestivo per evitare che si disperdano spontaneamente. Alcune piante hanno meccanismi di dispersione dei semi, come capsule che si aprono quando sono mature o semi che vengono sparsi dal vento. Raccogliere i semi prima che si disperdano aiuta a garantire che siano disponibili per la propagazione.

Gli uccelli e altri animali possono essere attratti dai semi maturi e possono mangiarli o disperderli. Per evitare ciò, è consigliabile proteggere le piante madre durante il periodo di maturazione dei semi, ad esempio con reti o gabbie protettive.

Durante la raccolta, è importante maneggiare i semi con cura per evitare danni. Utilizzare forbici o un coltello affilato per tagliare i fusti dei fiori e raccogliere i semi in un contenitore pulito e asciutto.

Dopo la raccolta, i semi possono essere lasciati asciugare all'aria per un breve periodo per garantire che siano completamente asciutti prima di essere conservati. Questo aiuta a prevenire la formazione di muffe o marciume durante lo stoccaggio.

Preparazione del Terreno

La preparazione del terreno è un passaggio fondamentale per garantire il successo della propagazione da semi delle piante bulbose.

Prima di iniziare la preparazione, è importante valutare il terreno per determinare le sue caratteristiche. Questo può includere il tipo di terreno (argilloso, sabbioso, limoso), il pH, il livello di drenaggio e la presenza di sostanze nutritive.

Il terreno deve essere ben drenato per evitare ristagni d'acqua che potrebbero causare marciume delle radici o malattie fungine. Se il terreno è pesante o argilloso, potrebbe essere necessario migliorarne il drenaggio aggiungendo sabbia, materiale organico o compost.

Una buona aerazione del terreno è essenziale per consentire alle radici di respirare e alle piante di crescere vigorosamente. L'aratura o l'aratura leggera del terreno possono aiutare a rompere la compattezza e migliorare l'aerazione.

Il terreno deve essere arricchito con sostanze nutritive per sostenere la germinazione e la crescita delle piante. Prima della semina, è consigliabile aggiungere concimi organici o compost ben decomposti per migliorare la fertilità del terreno.

Il terreno dovrebbe essere livellato per fornire una superficie uniforme e facilitare la semina dei semi. Eventuali grumi o accumuli di materiale organico dovrebbero essere rimossi o spezzati per garantire una distribuzione uniforme dei semi.

Prima della semina, è consigliabile controllare il terreno per la presenza di insetti dannosi, parassiti o malattie fungine. Se necessario, possono essere adottate misure preventive, come l'uso di insetticidi o fungicidi, per proteggere le piante in fase di crescita.

Prima della semina, è importante irrigare il terreno per garantire che sia sufficientemente umido. Tuttavia, è importante evitare l'eccesso d'acqua, che potrebbe causare ristagni e danneggiare i semi.

Semina dei Semi

La semina dei semi è un passaggio cruciale nella propagazione delle piante bulbose da seme.

La profondità di semina dipende dal tipo di seme e dalle specifiche esigenze della pianta. In generale, i semi vengono sepolti a una profondità due o tre volte maggiore del loro diametro. Tuttavia, è sempre consigliabile consultare le istruzioni specifiche per ciascuna varietà di bulbo per determinare la profondità di semina ottimale.

È importante piantare i semi a una distanza adeguata l'uno dall'altro per consentire alle piante di crescere e svilupparsi senza competere per le risorse. La distanza di semina dipende dalle dimensioni mature della pianta e dalle sue esigenze di spazio. Le istruzioni specifiche per la varietà di bulbo possono fornire indicazioni sulla distanza consigliata tra i semi.

Prima di seminare i semi, assicurarsi che il terreno sia ben preparato e livellato. Se necessario, è possibile creare dei piccoli solchi o file di semina per facilitare la distribuzione uniforme dei semi. Inoltre, assicurarsi che il terreno sia sufficientemente umido prima della semina.

Dopo aver seminato i semi, è importante coprirli leggermente con terra o substrato in modo da fornire protezione e un ambiente favorevole alla germinazione. La quantità di copertura dipende dalle dimensioni dei semi e dalle istruzioni specifiche per la varietà di bulbo.

Dopo la semina, è fondamentale irrigare delicatamente il terreno per garantire che i semi siano ben idratati. Utilizzare un getto d'acqua delicato o un irrigatore a pioggia per evitare di disturbare i semi o di spostarli dalla loro posizione.

Per tenere traccia delle varietà di bulbi seminati e dei tempi di semina, è consigliabile etichettare ogni area di semina con il nome della pianta e la data di semina. Questo aiuterà a evitare confusioni e a pianificare le attività di cura in seguito.

Cura Adeguata

Dopo la semina, la cura adeguata dei semi è fondamentale per favorire una germinazione ottimale e la crescita sana delle piante bulbose.

Mantenere il terreno costantemente umido senza essere eccessivamente bagnato è essenziale per la germinazione dei semi. Durante i periodi secchi, assicurarsi di irrigare regolarmente il terreno senza creare pozzanghere. L'irrigazione può essere eseguita manualmente o utilizzando un sistema di irrigazione a goccia o a pioggia, a seconda delle esigenze delle piante e delle dimensioni dell'area di semina.

Durante le prime fasi di crescita, i semi sono vulnerabili all'attacco di insetti, uccelli e altri animali che potrebbero disturbare il terreno o consumare i semi. È importante proteggere le aree di semina con reti o barriere fisiche, o utilizzare spaventapasseri o repellenti per tenere lontani gli animali nocivi.

I semi possono essere soggetti a malattie fungine o batteriche che compromettono la loro germinazione e la salute delle piante giovani. Per prevenire la diffusione di malattie, assicurarsi che il terreno sia ben drenato e che le condizioni di crescita siano ottimali. Inoltre, evitare l'irrigazione eccessiva che potrebbe favorire lo sviluppo di muffe e funghi dannosi.

Fornire condizioni ambientali ottimali, come una buona esposizione alla luce solare e temperature moderate, contribuisce a promuovere una crescita sana dei semi. Posizionare le aree di semina in luoghi ben illuminati e protetti dai venti forti può aiutare a garantire un ambiente favorevole per la germinazione e la crescita delle piante bulbose.

Monitorare regolarmente le aree di semina per individuare eventuali segni di problemi, come secchezza del terreno, attacchi di parassiti o segni di malattie. Intervenire prontamente per risolvere qualsiasi problema e fornire le cure necessarie per garantire una germinazione ottimale e una crescita sana dei semi.

La cura adeguata dei semi è un processo continuo che richiede attenzione e impegno costanti, ma che alla fine porta alla crescita vigorosa e alla fioritura delle piante bulbose.

Trapianto delle Piantine

Il trapianto delle piantine è una fase critica nella crescita delle piante bulbose e richiede attenzione e cura per garantire il successo della piantagione.

Il momento ideale per il trapianto delle piantine dipende dalla specie e dalle condizioni locali. In genere, il trapianto viene eseguito quando le piantine hanno sviluppato abbastanza radici e foglie da poter affrontare il trasferimento. Evitare di trapiantare durante i periodi di stress ambientale, come le giornate molto calde o ventose.

Prima del trapianto, assicurarsi che il terreno sia preparato correttamente. Rimuovere le erbacce e i detriti, lavorare il terreno per renderlo poroso e ben drenato, e aggiungere eventualmente concime o compost per fornire nutrienti alle piante.

Durante il trapianto, maneggiare le piantine con estrema delicatezza per evitare danni alle radici o ai germogli. Utilizzare le dita o un piccolo attrezzo da giardinaggio per sollevare le piantine dal terreno senza strappare o danneggiare le radici.

Pianificare la disposizione delle piantine nel giardino o nei vasi in base alle esigenze specifiche della specie. Assicurarsi di lasciare spazio sufficiente tra le piante per consentire una crescita ottimale e per evitare competizione eccessiva per l'acqua, i nutrienti e la luce solare.

Dopo il trapianto, le piantine hanno bisogno di un'irrigazione regolare per aiutarle a stabilirsi nel nuovo ambiente. Assicurarsi di innaffiare abbondantemente le piantine subito dopo il trapianto e continuare a mantenerle ben idratate nei giorni successivi.

Dopo il trapianto, monitorare attentamente le piantine per individuare eventuali segni di stress o problemi. Prestare attenzione a segni di appassimento, ingiallimento delle foglie o segni di attacchi di parassiti o malattie e intervenire prontamente se necessario.

Tempistica della Semina

La tempistica della semina è un aspetto cruciale della propagazione da semi delle piante bulbose e può influenzare significativamente il successo della germinazione e della crescita delle piante

La maggior parte delle piante bulbose può essere seminata con successo in primavera o in autunno, a seconda delle preferenze specifiche della pianta e delle condizioni climatiche locali. La scelta del momento dipende spesso dalla capacità della pianta di sopportare le temperature e le condizioni climatiche prevalenti durante il periodo di crescita.

Alcune piante bulbose richiedono un periodo di freddo per stimolare la germinazione dei semi. Questo fenomeno, noto come vernalizzazione, imita le condizioni invernali naturali che la pianta sperimenterebbe nel suo habitat nativo. Durante questo periodo, i semi vengono esposti a temperature fredde per un periodo di tempo specifico prima di essere seminati in primavera.

Prima di seminare i semi, è importante pianificare attentamente il momento della semina in base alle esigenze specifiche della pianta e alle condizioni climatiche locali. La consultazione delle guide di coltivazione o il contatto con esperti di giardinaggio può fornire informazioni utili sulla tempistica ottimale per la semina delle piante bulbose.

Dopo la semina, è fondamentale fornire cure adeguate per garantire una germinazione ottimale e una crescita sana delle piante. Ciò può includere irrigazione regolare, protezione dai predatori e dalle malattie, nonché condizioni ambientali favorevoli come luce solare e temperatura adeguate.

6.2 Conservazione dei Bulbi

Utilizzare i contenitori giusti per conservare i bulbi è fondamentale per garantire la loro sicurezza e vitalità durante il periodo di conservazione.

Sacchetti di carta o plastica perforati: Questi sono spesso utilizzati per conservare i bulbi in quanto consentono una buona circolazione dell'aria. I sacchetti di carta sono preferibili perché assorbono l'umidità in eccesso, riducendo il rischio di marciume. I sacchetti di plastica, se utilizzati, devono essere perforati per permettere il passaggio dell'aria e prevenire la formazione di condensa.

Scatole di cartone: Le scatole di cartone offrono una protezione migliore rispetto ai sacchetti e possono essere impilate facilmente. È importante che le scatole siano pulite e asciutte prima di mettere i bulbi al loro interno. È possibile praticare dei piccoli fori sulla parte superiore o laterale della scatola per consentire una migliore ventilazione.

Cassette di legno: Le cassette di legno sono robuste e offrono una buona protezione ai bulbi. Assicurarsi che le cassette siano ben aerate, magari con spazi tra le assi, per favorire la circolazione dell'aria. Inoltre, è importante controllare che il legno non contenga muffe o parassiti che potrebbero danneggiare i bulbi.

Indipendentemente dal tipo di contenitore utilizzato, è essenziale che sia pulito e privo di residui di muffa o umidità prima di inserire i bulbi al suo interno. Inoltre, conservare i contenitori in un luogo fresco, asciutto e buio contribuirà a preservare al meglio i bulbi durante il periodo di conservazione.

Etichettare chiaramente i bulbi durante lo stoccaggio, indicando il tipo di pianta, la varietà e la data di raccolta. Questo aiuta a tenere traccia dei bulbi e a garantire una corretta identificazione quando è il momento di piantarli.

Le tecniche di conservazione invernale sono cruciali per garantire che i bulbi rimangano in buone condizioni durante i mesi più freddi, quando non sono in fase di crescita attiva.

I bulbi possono essere conservati in un luogo fresco e asciutto, come una cantina o un seminterrato, dove le temperature rimangono costanti e non c'è esposizione alla luce diretta del sole. Assicurarsi che il luogo di conservazione non sia soggetto a sbalzi termici e che l'umidità sia mantenuta bassa per evitare la formazione di muffe o marciume.

Durante la conservazione, assicurarsi che ci sia una buona circolazione dell'aria intorno ai bulbi per prevenire l'accumulo di umidità e la formazione di muffe. Se i bulbi sono conservati in scatole o sacchetti, praticare piccoli fori per consentire il passaggio dell'aria.

Durante il periodo di conservazione, controllare periodicamente i bulbi per individuare eventuali segni di marciume, muffa o disidratazione. Rimuovere immediatamente i bulbi danneggiati per evitare che il problema si diffonda agli altri.

Se i bulbi sono conservati in luoghi soggetti a temperature molto basse, come garage non riscaldati o capannoni da giardino, assicurarsi di proteggerli dal gelo avvolgendoli in giornali, paglia o materiale isolante. In alternativa, è possibile trasferire i bulbi in contenitori isolati o scatole di polistirolo per proteggerli dalle temperature estreme.

Capitolo 7: Uso dei Bulbi Fioriti in Giardino

7.1 Progettazione del Giardino

L'utilizzo dei bulbi fioriti in giardino offre infinite possibilità di combinazioni di colore e stagionali, creando uno spazio visivamente accattivante durante tutto l'anno.

I bulbi primaverili come tulipani, narcisi, crochi e giacinti sono ideali per dare il benvenuto alla primavera con esplosioni di colore. Pianificando le piantagioni in modo da includere una varietà di bulbi che fioriscono in momenti diversi, è possibile prolungare il periodo di fioritura e mantenere il giardino vivace per diverse settimane.

Per i mesi estivi, i bulbi come gigli, dalie e gladioli possono offrire fiori spettacolari e duraturi. Questi bulbi possono essere piantati in primavera per una fioritura estiva.

I bulbi autunnali, come crochi autunnali e colchici, possono aggiungere un tocco di colore quando molte altre piante sono già sfiorite. Piantare bulbi che fioriscono in autunno aiuta a prolungare la stagione del giardino.

Anche durante i mesi più freddi, è possibile avere fiori in giardino con bulbi come l'amaryllis e i narcisi invernali, che possono essere forzati a fiorire all'interno per portare colore e vita negli ambienti chiusi.

Utilizzare combinazioni di colori contrastanti, come il giallo e il viola o il rosso e il bianco, può creare un effetto visivo dinamico e sorprendente. Queste combinazioni attirano l'attenzione e possono essere utilizzate per focalizzare l'attenzione su particolari aree del giardino.

Scegliere una gamma di sfumature dello stesso colore, come vari toni di blu o rosa, può creare un aspetto elegante e armonioso. Questo approccio è ideale per chi desidera un giardino dal design raffinato e coerente.

Utilizzare colori che sfumano gradualmente da una tonalità all'altra, come dal giallo al rosso passando per l'arancione, può creare un effetto visivo delicato e piacevole. Questa tecnica può essere particolarmente efficace lungo i bordi dei giardini o nei letti di fiori più ampi.

Coordinare i colori dei bulbi con le stagioni può migliorare l'appeal visivo del giardino. Ad esempio, utilizzare tonalità pastello e colori vivaci in primavera, colori caldi e saturi in estate, e colori terrosi e autunnali per l'autunno.

Piantare bulbi di diverse altezze insieme può aggiungere profondità e interesse visivo. I bulbi più alti, come i gigli e le dalie, possono essere piantati sullo sfondo, mentre i bulbi più bassi, come crochi e muscari, possono essere piantati in primo piano.

Creare masse di colore piantando gruppi di bulbi della stessa varietà insieme può avere un impatto visivo significativo. Questo approccio è spesso più efficace che piantare singoli bulbi sparsi.

Ripetere gruppi di bulbi dello stesso colore o della stessa varietà in diverse parti del giardino può creare un senso di continuità e ritmo. Questo può aiutare a guidare l'occhio attraverso il giardino e a legare insieme diverse aree del paesaggio.

I bulbi possono essere piantati tra le piante perenni e gli arbusti per riempire gli spazi vuoti e aggiungere colore durante le stagioni in cui le altre piante non sono in fiore.

Le erbe ornamentali possono fornire un bel contrasto con i bulbi fioriti, aggiungendo texture e movimento al giardino.

Utilizzare piante coprisuolo intorno ai bulbi può aiutare a mantenere l'umidità del suolo e a ridurre la crescita delle erbe infestanti, oltre ad aggiungere un ulteriore strato di interesse visivo.

La consociazione dei bulbi fioriti con altre piante è una strategia di progettazione del giardino che può migliorare l'estetica, la salute e la sostenibilità del giardino stesso. Questa tecnica sfrutta le diverse caratteristiche delle piante per creare un ambiente più armonioso e funzionale.

Dopo che i bulbi primaverili sono sfioriti, le piante perenni possono prendere il loro posto, riempiendo gli spazi vuoti e mantenendo il giardino pieno di vita. Ad esempio, le hosta e le felci sono perfette per coprire le foglie morenti dei narcisi.

Le piante perenni possono essere scelte per completare i colori e le altezze dei bulbi. Ad esempio, le echinacee e le rudbeckie si abbinano bene con i tulipani per creare un contrasto vivace.

Gli arbusti e gli alberi possono fornire uno sfondo stabile per i bulbi fioriti. Gli arbusti sempreverdi, come il bosso e il tasso, offrono un contrasto verde scuro che fa risaltare i colori vivaci dei bulbi.

Alcuni bulbi, come i bucaneve e i ciclamini, preferiscono l'ombra parziale e possono essere piantati sotto alberi e arbusti che forniscono ombra leggera.

Le erbe ornamentali aggiungono movimento e texture al giardino, creando un contrasto interessante con i fiori dei bulbi. Erbe come il Pennisetum e il Miscanthus sono ottime scelte.

Le erbe possono fornire supporto naturale per i bulbi che hanno steli più deboli, aiutando a mantenerli eretti e in vista.

Le piante annuali e biennali possono essere piantate insieme ai bulbi per estendere la stagione di fioritura. Per esempio, le violaciocche e le digitali possono riempire il giardino una volta che i bulbi primaverili sono sfioriti.

Le annuali sono ideali per riempire gli spazi vuoti in attesa che i bulbi piantati in autunno fioriscano la primavera successiva.

Le piante coprisuolo come la vinca, l'edera e il muschio irlandese possono essere piantate intorno ai bulbi per ridurre la crescita delle erbacce e mantenere l'umidità del suolo.

Queste piante proteggono il suolo dall'erosione e aiutano a mantenere una temperatura del terreno più stabile, beneficiando i bulbi sottostanti.

Le piante rampicanti come il glicine e la clematide possono essere utilizzate per aggiungere interesse verticale al giardino, creando un effetto di stratificazione con i bulbi piantati a terra.

Le clematidi, in particolare, possono essere scelte in colori che completano o contrastano con quelli dei bulbi, creando combinazioni visive interessanti.

Le piantagioni miste che imitano un ambiente naturale possono creare un giardino più rilassato e naturale. I bulbi possono essere piantati in modo casuale tra le erbe selvatiche e i fiori di campo per un effetto prateria.

L'inclusione di una varietà di piante favorisce la biodiversità, attirando diversi insetti impollinatori e creando un ecosistema più equilibrato.

7.2 Bulbi in Vaso e Contenitori

La scelta del contenitore giusto è fondamentale per la crescita sana e rigogliosa dei bulbi fioriti in vaso.

Terracotta: I vasi in terracotta sono porosi e permettono una buona aerazione del terreno, evitando ristagni d'acqua. Sono ideali per i bulbi che necessitano di un terreno ben drenato, ma possono asciugarsi rapidamente, quindi richiedono annaffiature frequenti.

Plastica: I vasi in plastica trattengono meglio l'umidità rispetto a quelli in terracotta e sono più leggeri, facilitando lo spostamento dei contenitori. Tuttavia, devono avere fori di drenaggio adeguati per evitare ristagni d'acqua.

Ceramica: I vasi in ceramica smaltata possono essere molto decorativi e trattengono bene l'umidità. Assicurarsi che abbiano fori di drenaggio o posizionare uno strato di ghiaia sul fondo per migliorare il drenaggio.

Legno: I contenitori in legno offrono un aspetto rustico e naturale. Devono essere trattati per resistere all'umidità e prevenire la decomposizione. Anche in questo caso, il drenaggio adeguato è essenziale.

La profondità del vaso dovrebbe essere sufficiente per ospitare il bulbo e consentire lo sviluppo delle radici. In generale, un vaso di almeno 20-30 cm di profondità è adeguato per la maggior parte dei bulbi.

La larghezza del vaso dipende dal numero di bulbi che si desidera piantare. Un contenitore più ampio permette di piantare più bulbi insieme, creando un effetto visivo più denso e spettacolare.

I bulbi devono avere spazio sufficiente per espandere le radici senza essere sovraffollati. Considerare una distanza minima di 2-3 cm tra ogni bulbo per garantire una crescita sana.

I contenitori devono avere fori di drenaggio adeguati per evitare che l'acqua ristagni, il che potrebbe causare marciume dei bulbi. Se il contenitore scelto non ha fori di drenaggio, è possibile aggiungerli con un trapano.

È consigliabile aggiungere uno strato di ghiaia, argilla espansa o cocci sul fondo del vaso per migliorare il drenaggio e prevenire l'accumulo di acqua intorno ai bulbi.

Scegliere contenitori che si armonizzano con lo stile del giardino o dello spazio in cui verranno collocati. Contenitori decorativi possono aggiungere un elemento di design, mentre quelli più semplici possono mettere maggiormente in risalto i fiori.

Contenitori leggeri come quelli in plastica o in materiale composito sono facili da spostare, consentendo di cambiare la disposizione dei bulbi nel giardino o di proteggerli dalle intemperie.

Considerare dove verranno posizionati i vasi per garantire che ricevano la quantità adeguata di luce solare. I bulbi generalmente necessitano di almeno 6 ore di luce solare diretta al giorno.

Vasi con Riserva d'Acqua: Questi contenitori sono dotati di un serbatoio per l'acqua alla base, che permette di mantenere il terreno umido più a lungo e riduce la necessità di annaffiature frequenti.

Contenitori Autoirriganti: Dotati di un sistema di autoirrigazione, questi vasi forniscono una quantità costante di umidità alle piante, ideale per chi ha meno tempo da dedicare alla cura quotidiana.

Cura dei bulbi in vaso

La cura dei bulbi coltivati in vaso richiede attenzioni specifiche per garantire che le piante crescano sane e vigorose.

Irrigazione

I bulbi in vaso richiedono una regolare irrigazione, poiché il terreno nei contenitori tende ad asciugarsi più rapidamente rispetto a quello del giardino. Innaffiare quando il primo strato di terreno appare asciutto al tatto.

Evitare l'irrigazione eccessiva, che può causare marciume delle radici e dei bulbi. Assicurarsi che l'acqua dreni bene dai fori di drenaggio.

Innaffiare delicatamente alla base della pianta per evitare di bagnare eccessivamente le foglie, il che può favorire l'insorgenza di malattie fungine.

Concimazione

Utilizzare un concime bilanciato, specifico per piante fiorite o bulbi. Un fertilizzante a lenta cessione può essere una buona scelta per fornire nutrimento costante.

Fertilizzare ogni 2-4 settimane durante la stagione di crescita attiva, seguendo le indicazioni del produttore sulla quantità.

Applicare il concime dopo l'irrigazione per evitare di bruciare le radici.

Esposizione alla Luce

La maggior parte dei bulbi fioriti necessita di almeno 6 ore di luce solare diretta al giorno. Posizionare i vasi in una zona soleggiata o parzialmente ombreggiata, a seconda delle esigenze specifiche della pianta.

Ruotare i vasi periodicamente per garantire una crescita uniforme e prevenire l'inclinazione delle piante verso la luce.

Controllo delle Malattie e dei Parassiti

Controllare regolarmente le piante per individuare segni di malattie o infestazioni di parassiti. Rimuovere immediatamente le foglie malate o danneggiate.

Utilizzare prodotti specifici per il trattamento di malattie fungine o infestazioni di insetti, seguendo le istruzioni del produttore. I trattamenti biologici, come saponi insetticidi o oli orticoli, possono essere preferibili per un approccio più ecologico.

Manutenzione del Terreno

Uno strato di pacciamatura organica può aiutare a mantenere l'umidità del terreno e a ridurre le erbacce. Tuttavia, assicurarsi che la pacciamatura non copra direttamente i bulbi.

Periodicamente, smuovere leggermente la superficie del terreno per migliorare l'aerazione e prevenire la compattazione.

Supporto per le Piante

Alcuni bulbi, come le dalie o i gigli, possono richiedere supporti per mantenere eretti i gambi. Utilizzare tutori o graticci per sostenere le piante senza danneggiarle.

Legare i gambi ai supporti con materiali morbidi, come nastri di stoffa o legacci in gomma, per evitare di danneggiare i tessuti vegetali.

Pulizia e Potatura

Rimuovere i fiori appassiti per evitare che la pianta sprechi energia nella produzione di semi, favorendo invece la crescita di nuovi fiori.

Potare le foglie e i gambi danneggiati o malati per migliorare l'aspetto della pianta e prevenire la diffusione di malattie.

Protezione Invernale

Se i bulbi sono sensibili al freddo, trasferire i vasi in un luogo riparato, come una serra fredda o un garage non riscaldato, durante l'inverno.

In alternativa, coprire i vasi con materiali isolanti, come paglia o tessuti non tessuti, per proteggere i bulbi dalle gelate.

Cura Post-Fioritura

Dopo la fioritura, ridurre gradualmente l'irrigazione per consentire ai bulbi di entrare in dormienza.

Una volta che le foglie sono completamente appassite, i bulbi possono essere estratti, puliti e conservati in un luogo fresco e asciutto per la successiva stagione di crescita.

Capitolo 8: Aspetti Ecologici e Sostenibilità

8.1 Impatto Ambientale dei Bulbi

Coltivazione sostenibile

La coltivazione sostenibile dei bulbi è una pratica che mira a ridurre l'impatto ambientale della produzione e della gestione dei bulbi fioriti. Questa approccio include varie tecniche e strategie volte a promuovere la salute del suolo, conservare l'acqua, ridurre l'uso di sostanze chimiche e preservare la biodiversità. Ecco alcuni aspetti chiave della coltivazione sostenibile:

Selezione delle Varietà:

Scegliere varietà di bulbi resistenti a malattie e parassiti, riducendo così la necessità di trattamenti chimici.

Preferire bulbi nativi o naturalizzati nella propria regione, che sono adattati alle condizioni locali e richiedono meno interventi.

Uso di Pratiche Agronomiche Ecologiche:

Alternare la coltivazione dei bulbi con altre piante per prevenire l'accumulo di parassiti e malattie specifiche dei bulbi e migliorare la struttura del suolo.

Piantare i bulbi insieme ad altre piante complementari che possono aiutare a respingere i parassiti e migliorare la fertilità del suolo.

Gestione del Suolo:

Utilizzare compost e altri ammendanti organici per migliorare la struttura del suolo, aumentare la capacità di ritenzione idrica e fornire nutrienti essenziali.

Limitare la lavorazione del suolo per preservare la struttura naturale del terreno e promuovere la salute delle radici.

Conservazione dell'Acqua:

Implementare sistemi di irrigazione a goccia o altre tecnologie che riducono il consumo d'acqua e minimizzano l'evaporazione.

Applicare pacciamatura organica intorno ai bulbi per mantenere l'umidità del suolo e ridurre la necessità di irrigazione frequente.

Riduzione dell'Uso di Prodotti Chimici:

Utilizzare predatori naturali, parassitoidi e altri metodi biologici per controllare parassiti e malattie.

Scegliere prodotti a base di ingredienti naturali o biologici per gestire i problemi di parassiti e malattie, riducendo l'impatto sull'ambiente.

Conservazione della Biodiversità:

Creare e mantenere habitat naturali nei pressi delle aree coltivate per sostenere la biodiversità e fornire rifugi per insetti benefici e altri organismi utili.

Integrare i bulbi con altre specie vegetali per creare un ecosistema più equilibrato e resiliente.

Riduzione dell'Impatto Energetico:

Utilizzare fonti di energia rinnovabile, come l'energia solare o eolica, per alimentare le attrezzature agricole e le strutture di coltivazione.

Adottare pratiche che richiedono meno energia, come la lavorazione ridotta del suolo e l'uso di attrezzi manuali quando possibile.

Gestione dei Rifiuti:

Riciclare i materiali di scarto e compostare i residui organici per ridurre i rifiuti e restituire nutrienti al suolo.

Utilizzare imballaggi ecologici e ridurre l'uso di plastica e altri materiali non biodegradabili.

La coltivazione sostenibile dei bulbi non solo contribuisce a ridurre l'impatto ambientale, ma promuove anche la salute a lungo termine del giardino e del suolo, creando un ambiente più resiliente e autosufficiente.

Uso di bulbi nativi e naturalizzati

L'uso di bulbi nativi e naturalizzati nel giardino presenta numerosi vantaggi ecologici e pratici. Questi bulbi sono adattati alle condizioni climatiche e del suolo locali, il che li rende più resistenti e richiede meno interventi rispetto alle specie esotiche.

I bulbi nativi sono già adattati alle condizioni climatiche, del suolo e idriche locali. Questo significa che sono più resistenti alle variazioni climatiche e meno suscettibili alle malattie locali.

Poiché questi bulbi sono naturalmente adattati, richiedono meno irrigazione, fertilizzanti e trattamenti chimici, riducendo il lavoro e i costi di manutenzione.

I bulbi nativi forniscono cibo e habitat per la fauna selvatica locale, come insetti impollinatori, uccelli e piccoli mammiferi. Questo contribuisce a mantenere un ecosistema sano e diversificato.

Coltivare bulbi nativi aiuta a preservare le specie vegetali autoctone, molte delle quali possono essere a rischio di estinzione a causa della perdita di habitat e della competizione con specie esotiche invasive.

I bulbi nativi e naturalizzati richiedono meno risorse in termini di acqua, fertilizzanti e pesticidi, riducendo l'impatto ambientale complessivo del giardinaggio.

Utilizzando specie autoctone, si riduce il rischio di introdurre e diffondere specie invasive che possono danneggiare l'ecosistema locale.

I bulbi nativi e naturalizzati si integrano meglio nel paesaggio naturale, creando un aspetto più armonioso e naturale nel giardino.

Molti bulbi nativi fioriscono in tempi diversi durante l'anno, offrendo una varietà di colori e forme che possono arricchire l'estetica del giardino per tutta la stagione di crescita.

Utilizzare bulbi nativi può educare i giardinieri e i visitatori sull'importanza della conservazione delle specie locali e delle pratiche di giardinaggio sostenibile.

I giardini che incorporano bulbi nativi possono servire da esempio di pratiche sostenibili, incoraggiando altri giardinieri a seguire l'esempio.

Esempi di Bulbi Nativi:

Crocus Vernus: Originario di molte regioni europee, è adattato ai climi temperati e fiorisce all'inizio della primavera.

Narcissus Pseudonarcissus: Il narciso selvatico, diffuso in molte parti d'Europa, è ideale per prati e boschi.

Allium Ursinum: Conosciuto come aglio orsino, è nativo delle foreste europee e produce fiori bianchi profumati.

L'uso di bulbi nativi e naturalizzati è una pratica ecologicamente responsabile che promuove la sostenibilità e la biodiversità. Incorporando questi bulbi nel giardino, si contribuisce alla conservazione delle specie locali e si crea un ambiente più resiliente e autosufficiente.

8.2 Conservazione della Biodiversità

La conservazione dei bulbi selvatici è essenziale per mantenere la biodiversità, sostenere gli ecosistemi e garantire la disponibilità di risorse genetiche per il futuro.

I bulbi selvatici rappresentano un'importante riserva di diversità genetica. Questa diversità è fondamentale per l'adattamento delle piante ai cambiamenti ambientali e per la loro resistenza a malattie e parassiti.

I bulbi selvatici contribuiscono alla stabilità e alla salute degli ecosistemi naturali. Supportano una vasta gamma di fauna selvatica, compresi insetti impollinatori, che sono essenziali per la riproduzione di molte altre piante.

I bulbi selvatici sono importanti per gli studi ecologici che mirano a comprendere le dinamiche degli ecosistemi naturali e le interazioni tra le specie.

La diversità genetica dei bulbi selvatici può essere utilizzata per sviluppare nuove varietà di piante coltivate, migliorando caratteristiche come la resistenza alle malattie, la tolleranza alle condizioni climatiche estreme e la qualità dei fiori.

Molti bulbi selvatici sono specie rare o in via di estinzione a causa della perdita di habitat, del cambiamento climatico e dell'attività umana. Conservare queste specie è essenziale per prevenire la loro estinzione.

La conservazione dei bulbi selvatici contribuisce al recupero e alla protezione degli habitat naturali, favorendo la sopravvivenza di molte altre specie vegetali e animali.

I bulbi selvatici svolgono ruoli cruciali nei loro ecosistemi, come la prevenzione dell'erosione del suolo, il miglioramento della qualità dell'acqua e il supporto alle reti alimentari locali.

Molte piante bulbose selvatiche hanno un significato culturale e storico per le comunità locali. La loro conservazione preserva questo patrimonio per le future generazioni.

La conservazione dei bulbi selvatici può aumentare la consapevolezza e l'apprezzamento della biodiversità naturale tra il pubblico. Educare le persone sull'importanza di queste piante può incentivare comportamenti ecologicamente responsabili.

I bulbi selvatici possono attirare turisti interessati alla natura, fornendo opportunità per il turismo ecologico e sostenibile che supporta le economie locali.

La conservazione dei bulbi selvatici contribuisce alla resilienza degli ecosistemi ai cambiamenti climatici. Le piante con una grande diversità genetica hanno maggiori probabilità di adattarsi alle nuove condizioni ambientali.

Mantenere una riserva di bulbi selvatici offre potenziali risorse per il futuro, permettendo di rispondere a nuove sfide ambientali con soluzioni basate sulla natura.

Esempi di Bulbi Selvatici Importanti:

Tulipa Sylvestris (Tulipano Selvatico): Un esempio di bulbo selvatico che cresce in diverse regioni europee e che contribuisce alla biodiversità dei prati e delle colline.

Fritillaria Meleagris (Fritillaria): Specie di bulbo selvatico che cresce in habitat umidi e prati, con un ruolo importante negli ecosistemi locali.

La conservazione dei bulbi selvatici è una componente fondamentale degli sforzi globali per proteggere la biodiversità e mantenere ecosistemi sani. Attraverso progetti di conservazione, ricerca e educazione, è possibile garantire che queste preziose risorse naturali siano disponibili per le generazioni future.

Progetti di conservazione e ricerca

I progetti di conservazione e ricerca mirano a proteggere e studiare i bulbi selvatici, garantendo la loro sopravvivenza e comprendendo meglio il loro ruolo negli ecosistemi.

Conservazione in Situ:

Riserve Naturali: La creazione e la gestione di riserve naturali dove i bulbi selvatici crescono naturalmente sono fondamentali. Questi spazi protetti offrono un ambiente sicuro dove le piante possono prosperare senza la minaccia delle attività umane.

Monitoraggio delle Popolazioni: Programmi di monitoraggio regolari aiutano a tracciare la salute e le dimensioni delle popolazioni di bulbi selvatici. Questo consente ai ricercatori di rilevare cambiamenti e potenziali minacce in modo tempestivo.

Conservazione ex Situ:

Banche dei Semi: Le banche dei semi conservano i semi dei bulbi selvatici in condizioni controllate. Questo garantisce che, in caso di perdita delle popolazioni naturali, ci sia una riserva di semi per future reintroduzioni.

Giardini Botanici: Molti giardini botanici coltivano bulbi selvatici come parte dei loro programmi di conservazione. Questi giardini fungono da centri educativi e di ricerca, oltre a fornire un rifugio per specie minacciate.

Reintroduzione e Ripristino degli Habitat:

Progetti di Reintroduzione: Questi progetti mirano a reintrodurre i bulbi selvatici nelle aree da cui sono scomparsi. Ciò comporta la coltivazione di bulbi in condizioni controllate e la loro successiva piantagione nei siti naturali.

Ripristino degli Habitat: Migliorare e ripristinare gli habitat degradati aiuta a creare condizioni favorevoli per il ritorno dei bulbi selvatici. Questo può includere il controllo delle specie invasive, la gestione dell'acqua e la piantagione di vegetazione nativa.

Ricerca Scientifica:

Studi Ecologici: La ricerca sull'ecologia dei bulbi selvatici include lo studio delle loro interazioni con altre specie, le loro esigenze climatiche e del suolo, e i loro cicli di vita. Queste informazioni sono cruciali per la gestione e la conservazione delle popolazioni.

Genetica della Conservazione: La ricerca genetica aiuta a comprendere la diversità genetica delle popolazioni di bulbi selvatici. Questo è importante per mantenere la resilienza delle popolazioni e per guidare le strategie di reintroduzione.

Collaborazioni e Politiche di Conservazione:

Collaborazioni Internazionali: La conservazione dei bulbi selvatici spesso richiede la cooperazione internazionale, soprattutto quando le specie sono distribuite in più paesi. Organizzazioni come l'Unione Internazionale per la

Conservazione della Natura (IUCN) giocano un ruolo cruciale nel coordinare gli sforzi globali.

Politiche di Conservazione: L'adozione di politiche e leggi per proteggere gli habitat naturali e le specie selvatiche è fondamentale. Queste politiche possono includere la regolamentazione della raccolta dei bulbi selvatici, la protezione delle aree chiave e il sostegno a progetti di conservazione.

Esempi di Progetti di Conservazione e Ricerca:

Progetto di Conservazione dei Tulipani Selvatici

Il Progetto di Conservazione dei Tulipani Selvatici è una delle iniziative più significative mirate a proteggere e preservare le popolazioni di tulipani selvatici, specie emblematiche che rappresentano una parte importante della biodiversità vegetale in Europa e Asia.

Obiettivi del Progetto:

Salvaguardare gli habitat naturali dei tulipani selvatici per evitare la perdita di biodiversità dovuta all'urbanizzazione, all'agricoltura intensiva e ad altre attività umane.

Rimettere in natura le specie di tulipani selvatici che sono diventate rare o estinte in alcune aree, per ristabilire popolazioni vitali.

Aumentare la consapevolezza pubblica sull'importanza dei tulipani selvatici e delle loro esigenze ecologiche, promuovendo pratiche di conservazione tra le comunità locali.

Attività Chiave del Progetto:

Identificare e mappare le popolazioni esistenti di tulipani selvatici e monitorare regolarmente lo stato di salute di queste popolazioni. Questo include la raccolta di dati su distribuzione, dimensione della popolazione e condizioni dell'habitat.

Raccogliere semi e bulbi dalle popolazioni naturali per conservazione ex situ e per programmi di reintroduzione. Questa attività è essenziale per creare banche genetiche e per propagare le piante in modo controllato.

Collaborare con governi e organizzazioni locali per stabilire riserve naturali e aree protette dove i tulipani selvatici possono crescere indisturbati. Queste aree servono come rifugi sicuri per le specie in pericolo.

Attuare programmi di ripristino ecologico per migliorare le condizioni degli habitat degradati. Questo può includere il controllo delle specie invasive, la piantagione di vegetazione nativa e la gestione delle risorse idriche.

Collaborazioni e Partnership:

Collaborare con organizzazioni come l'Unione Internazionale per la Conservazione della Natura (IUCN), Botanical Gardens Conservation International (BGCI) e altre entità globali che supportano la conservazione delle piante.

Coinvolgere università e istituti di ricerca per condurre studi approfonditi sulla genetica, l'ecologia e la biologia dei tulipani selvatici. La ricerca scientifica fornisce dati cruciali per strategie di conservazione basate su evidenze.

Lavorare con le comunità locali per promuovere pratiche di conservazione e gestione sostenibile degli habitat. Coinvolgere le persone del posto è fondamentale per garantire il successo a lungo termine delle iniziative di conservazione.

Esempi di Successo:

Progetti specifici in Asia Centrale si sono concentrati sulla protezione e la reintroduzione del Tulipano di Greig, una specie che cresce in habitat montani minacciati.

La Turchia e l'Iran, paesi ricchi di biodiversità di tulipani selvatici, hanno visto l'implementazione di riserve naturali e programmi di educazione pubblica per proteggere queste piante iconiche.

Sfide e Soluzioni:

L'espansione agricola e urbana rappresenta una delle principali minacce. Soluzioni includono la regolamentazione dell'uso del suolo e la promozione di pratiche agricole sostenibili.

I cambiamenti climatici possono alterare gli habitat naturali dei tulipani. Progetti di conservazione devono integrare strategie di adattamento climatico, come la creazione di corridoi ecologici.

La mancanza di risorse finanziarie può ostacolare i programmi di conservazione. È fondamentale cercare finanziamenti da enti governativi, ONG e donatori privati.

Educazione e Coinvolgimento del Pubblico:

Promuovere la conoscenza dei tulipani selvatici attraverso campagne educative, pubblicazioni e eventi comunitari.

Incoraggiare la partecipazione dei volontari nelle attività di monitoraggio, raccolta di semi e ripristino degli habitat.

Programma di Conservazione dei Fritillaria

I programmi di conservazione delle specie di Fritillaria mirano a proteggere queste piante uniche, che sono spesso endemiche di aree specifiche e vulnerabili a cause come la perdita di habitat, il cambiamento climatico e l'estrazione indiscriminata. Le Fritillaria sono note per i loro fiori distintivi e per le esigenze ecologiche particolari.

Obiettivi del Programma:

Salvaguardare gli habitat naturali dove le Fritillaria crescono per prevenire la perdita di biodiversità.

Raccogliere semi e bulbi per creare banche genetiche e supportare programmi di reintroduzione e ripristino.

Aumentare la consapevolezza pubblica sull'importanza delle Fritillaria e delle loro esigenze ecologiche, promuovendo pratiche di conservazione.

Attività Chiave del Programma:

Identificare e mappare le popolazioni esistenti di Fritillaria, monitorando regolarmente il loro stato di salute. Questo include la raccolta di dati su distribuzione, dimensione della popolazione e condizioni dell'habitat.

Raccogliere semi e bulbi dalle popolazioni naturali per conservazione ex situ e per programmi di reintroduzione. Questa attività è essenziale per creare banche genetiche e per propagare le piante in modo controllato.

Collaborare con governi e organizzazioni locali per stabilire riserve naturali e aree protette dove le Fritillaria possono crescere indisturbate. Queste aree servono come rifugi sicuri per le specie in pericolo.

Attuare programmi di ripristino ecologico per migliorare le condizioni degli habitat degradati. Questo può includere il controllo delle specie invasive, la piantagione di vegetazione nativa e la gestione delle risorse idriche.

Collaborazioni e Partnership:

Collaborare con organizzazioni come l'Unione Internazionale per la Conservazione della Natura (IUCN) e Botanical Gardens Conservation International (BGCI) per supportare la conservazione delle Fritillaria a livello globale.

Coinvolgere università e istituti di ricerca per condurre studi approfonditi sulla genetica, l'ecologia e la biologia delle Fritillaria. La ricerca scientifica fornisce dati cruciali per strategie di conservazione basate su evidenze.

Lavorare con le comunità locali per promuovere pratiche di conservazione e gestione sostenibile degli habitat. Coinvolgere le persone del posto è fondamentale per garantire il successo a lungo termine delle iniziative di conservazione.

Esempi di Successo:

Fritillaria meleagris: Conosciuta come il "fiore di dama", è oggetto di vari programmi di conservazione in Europa, in particolare nelle riserve naturali britanniche, dove sono stati avviati progetti per il ripristino degli habitat umidi.

Fritillaria imperialis: Specie iconica dell'Iran, sono stati condotti progetti di conservazione per proteggerne le popolazioni naturali e promuovere la coltivazione sostenibile.

Fritillaria camschatcensis: Originaria del Nord America, è soggetta a conservazione tramite programmi che proteggono gli habitat paludosi e umidi dove cresce naturalmente.

Sfide e Soluzioni:

La perdita di habitat a causa dell'urbanizzazione e dell'agricoltura è una delle principali minacce. Soluzioni includono la regolamentazione dell'uso del suolo e la promozione di pratiche agricole sostenibili.

I cambiamenti climatici possono alterare gli habitat naturali delle Fritillaria. I progetti di conservazione devono integrare strategie di adattamento climatico, come la creazione di corridoi ecologici.

La mancanza di risorse finanziarie può ostacolare i programmi di conservazione. È fondamentale cercare finanziamenti da enti governativi, ONG e donatori privati.

Educazione e Coinvolgimento del Pubblico:

Promuovere la conoscenza delle Fritillaria attraverso campagne educative, pubblicazioni e eventi comunitari.

Incoraggiare la partecipazione dei volontari nelle attività di monitoraggio, raccolta di semi e ripristino degli habitat.

Il Programma di Conservazione delle Fritillaria rappresenta un impegno globale per preservare queste piante delicate e i loro habitat specifici. Grazie a un approccio integrato che combina protezione degli habitat, conservazione ex situ, ricerca scientifica e sensibilizzazione pubblica, è possibile garantire la sopravvivenza a lungo termine di queste specie preziose.

Banca dei Semi del Millennium Seed Bank

La Banca dei Semi del Millennium Seed Bank, situata nel Regno Unito, rappresenta uno dei progetti di conservazione ex situ più ambiziosi e importanti al mondo. Fondata nel 2000 dal Royal Botanic Gardens, Kew, questo programma mira a conservare una vasta gamma di semi di piante selvatiche provenienti da tutto il mondo, compresi molti bulbi rari e minacciati.

Il principale obiettivo del Millennium Seed Bank è conservare la diversità genetica delle piante selvatiche per garantire la loro sopravvivenza a lungo termine.

I semi raccolti e conservati possono essere utilizzati per programmi di ripristino degli habitat naturali danneggiati o degradati.

La collezione di semi fornisce una risorsa preziosa per la ricerca scientifica, consentendo studi sulla biologia delle piante, la genetica e l'adattamento alle variazioni ambientali.

Il Millennium Seed Bank coordina spedizioni in tutto il mondo per raccogliere semi da una vasta gamma di habitat, compresi quelli che ospitano piante bulbose rare e minacciate.

I semi raccolti vengono essiccati, puliti e conservati in condizioni controllate di temperatura e umidità per garantire la loro longevità. Una parte dei semi viene congelata a temperature ultra basse per conservarli per migliaia di anni.

Ogni campione di semi viene catalogato e archiviato con cura, con informazioni dettagliate sulla sua origine geografica, habitat e stato di conservazione.

I semi conservati nel Millennium Seed Bank fungono da "assicurazione" per le piante selvatiche minacciate, offrendo una riserva genetica in caso di estinzione in natura.

I semi possono essere utilizzati per programmi di ripristino degli habitat naturali danneggiati, contribuendo al recupero di ecosistemi critici.

La collezione di semi fornisce un'importante risorsa per la ricerca scientifica, consentendo lo studio della biologia delle piante, dell'evoluzione e dell'adattamento alle variazioni climatiche.

Il Millennium Seed Bank ha contribuito a salvare numerose specie vegetali minacciate, inclusi molti bulbi rari e vulnerabili.

I semi conservati sono stati utilizzati con successo per ripristinare habitat naturali danneggiati o degradati in diverse parti del mondo.

Il progetto ha promosso collaborazioni internazionali tra istituti di ricerca, organizzazioni governative e ONG per la conservazione della biodiversità.

Il Millennium Seed Bank promuove la consapevolezza pubblica sulla conservazione della biodiversità attraverso programmi educativi, visite guidate e materiali didattici.

Coinvolgimento della Comunità: Coinvolge attivamente la comunità locale e gli studenti nelle attività di conservazione, incoraggiando una maggiore comprensione e apprezzamento della biodiversità.

In conclusione, la Banca dei Semi del Millennium Seed Bank svolge un ruolo fondamentale nella conservazione della biodiversità globale, inclusi numerosi bulbi rari e minacciati. Grazie ai suoi sforzi mirati di raccolta, conservazione e utilizzo dei semi, contribuisce significativamente alla protezione delle piante selvatiche e degli ecosistemi in tutto il mondo

La conservazione dei bulbi selvatici attraverso progetti di conservazione e ricerca è essenziale per mantenere la biodiversità e proteggere queste piante preziose. Con sforzi coordinati e un approccio scientifico, è possibile garantire che le future generazioni possano continuare a godere della bellezza e dei benefici ecologici dei bulbi selvatici.

Appendici
A1: Tabelle delle Esigenze dei Bulbi

Specie di Bulbo	Calendario di Piantagione	Profondità di Piantagione	Calendario di Fioritura	Altezza delle Piante	Esigenze di Luce e Terreno
Tulipani	Ottobre - Dicembre	10-15 cm	Marzo - Maggio	15-60 cm	Pieno Sole; Terreno Ben Drenato
Narcisi	Settembre - Novembre	10-15 cm	Febbraio - Aprile	20-60 cm	Pieno Sole; Terreno Ben Drenato
Giacinti	Settembre - Novembre	8-10 cm	Marzo - Aprile	20-30 cm	Pieno Sole; Terreno Ben Drenato
Crochi	Settembre - Ottobre	5-8 cm	Febbraio - Marzo	5-15 cm	Pieno Sole; Terreno Ben Drenato
Iris	Luglio - Settembre	5-10 cm	Aprile - Maggio	30-90 cm	Pieno Sole; Terreno Ben Drenato
Gigli	Settembre - Ottobre	10-15 cm	Giugno - Luglio	30-180 cm	Pieno Sole; Terreno Ben Drenato
Allium	Settembre - Ottobre	10-15 cm	Maggio - Luglio	30-150 cm	Pieno Sole; Terreno Ben Drenato
Muscari	Settembre - Novembre	5-8 cm	Marzo - Aprile	10-20 cm	Pieno Sole; Terreno Ben Drenato
Zafferano	Luglio - Settembre	10-15 cm	Ottobre - Novembre	10-20 cm	Pieno Sole; Terreno Ben Drenato
Scilla	Settembre - Ottobre	5-8 cm	Marzo - Aprile	10-30 cm	Pieno Sole; Terreno Ben Drenato
Fresie	Settembre - Novembre	5-8 cm	Marzo - Maggio	15-60 cm	Pieno Sole; Terreno Ben Drenato
Anemone	Settembre -	5-8 cm	Marzo -	10-30	Pieno Sole;

Specie di Bulbo	Calendario di Piantagione	Profondità di Piantagione	Calendario di Fioritura	Altezza delle Piante	Esigenze di Luce e Terreno
	Novembre		Aprile	cm	Terreno Ben Drenato
Trillium	Settembre - Novembre	5-8 cm	Aprile - Giugno	15-60 cm	Ombra Parziale; Terreno Ricco di Humus
Ranuncolo	Settembre - Ottobre	5-8 cm	Marzo - Maggio	20-60 cm	Pieno Sole; Terreno Ben Drenato
Colchicum	Luglio - Settembre	8-10 cm	Settembre - Ottobre	10-20 cm	Pieno Sole; Terreno Ben Drenato
Eremurus	Settembre - Novembre	15-20 cm	Maggio - Giugno	90-180 cm	Pieno Sole; Terreno Ben Drenato
Muscari paradoxum	Settembre - Novembre	5-8 cm	Marzo - Aprile	10-20 cm	Pieno Sole; Terreno Ben Drenato
Convallaria	Settembre - Ottobre	5-8 cm	Maggio - Giugno	15-30 cm	Ombra Parziale; Terreno Ben Drenato
Camassia	Settembre - Ottobre	8-10 cm	Maggio - Giugno	30-120 cm	Pieno Sole; Terreno Ben Drenato
Galanthus	Settembre - Novembre	5-8 cm	Gennaio - Febbraio	10-15 cm	Pieno Sole; Terreno Ben Drenato
Leucojum	Settembre - Novembre	5-8 cm	Febbraio - Marzo	20-40 cm	Pieno Sole; Terreno Ben Drenato
Cyclamen	Settembre - Novembre	5-8 cm	Gennaio - Marzo	10-20 cm	Ombra Parziale; Terreno Ben Drenato
Eranthis	Settembre - Novembre	5-8 cm	Gennaio - Febbraio	5-10 cm	Pieno Sole; Terreno Ben Drenato
Chionodoxa	Settembre - Novembre	5-8 cm	Marzo - Aprile	10-20 cm	Pieno Sole; Terreno Ben Drenato
Nerine	Settembre - Ottobre	10-15 cm	Settembre - Novembre	30-60 cm	Pieno Sole; Terreno Ben Drenato
Oxalis	Marzo - Maggio	3-5 cm	Maggio - Agosto	10-20 cm	Pieno Sole; Terreno Ben Drenato
Amaryllis	Ottobre	15-20 cm	Marzo	40-60	Pieno Sole;

Specie di Bulbo	Calendario di Piantagione	Profondità di Piantagione	Calendario di Fioritura	Altezza delle Piante	Esigenze di Luce e Terreno
	Dicembre		Aprile	cm	Terreno Ben Drenato
Hyacinthoides	Settembre - Ottobre	8-10 cm	Aprile - Maggio	20-30 cm	Ombra Parziale; Terreno Ben Drenato
Crinum	Settembre - Novembre	15-20 cm	Luglio - Agosto	60-120 cm	Pieno Sole; Terreno Ben Drenato
Sparaxis	Settembre - Novembre	5-8 cm	Marzo - Aprile	30-60 cm	Pieno Sole; Terreno Ben Drenato
Tigridia	Marzo - Maggio	8-10 cm	Luglio - Settembre	30-60 cm	Pieno Sole; Terreno Ben Drenato

A2: Glossario dei Termini Botanici

Annuo

Una pianta che completa il suo ciclo di vita in un solo anno, dalla germinazione alla produzione di semi e alla morte. Alcuni bulbi possono comportarsi come annuali in climi non ideali.

Biennale

Una pianta che impiega due anni per completare il suo ciclo di vita, con il primo anno dedicato alla crescita vegetativa e il secondo alla fioritura e produzione di semi. Alcuni bulbi, come il giglio, possono avere comportamenti biennali.

Bulbo

Una struttura sotterranea di riserva composta da strati di foglie carnose (scaglie) che circondano un germoglio centrale. Esempi includono tulipani, narcisi e giacinti.

Cormo

Una struttura di riserva simile a un bulbo, ma priva di strati fogliari. È compatta e ha una sola stagione di crescita. Esempi includono crochi e gladioli.

Divisione dei Bulbi

Una tecnica di propagazione che consiste nel separare i bulbi più grandi in bulbi più piccoli o offset, ciascuno dei quali può crescere in una nuova pianta.

Dormienza

Un periodo di riposo in cui i bulbi interrompono la crescita attiva. Questo avviene spesso in risposta a condizioni ambientali avverse, come temperature estreme o siccità.

Essicazione

Il processo di rimozione dell'umidità dai bulbi dopo la raccolta, prima dello stoccaggio. Questo aiuta a prevenire marciumi e malattie durante la conservazione.

Fioritura

Il processo di sviluppo dei fiori a partire dai bulbi. La fioritura può variare in base alla specie e alle condizioni di coltivazione.

Germogliazione

Il processo attraverso il quale un bulbo inizia a produrre nuove radici e germogli, segnando l'inizio di una nuova stagione di crescita.

Impianto

Il processo di piantare bulbi nel terreno o in contenitori, seguendo le indicazioni sulla profondità e distanza di piantagione.

Irrigazione

L'atto di fornire acqua ai bulbi per garantire una crescita sana. È particolarmente importante durante la fase di germinazione e crescita attiva.

Nematicidi

Prodotti chimici usati per controllare i nematodi che attaccano i bulbi, proteggendo le radici e migliorando la salute delle piante.

Parassiti dei Bulbi

Insetti o altri organismi che danneggiano i bulbi succhiando linfa o masticando i tessuti, come cicaline, talpe dei bulbi e nematodi.

Periodo di Piantagione

Il tempo ideale dell'anno per piantare bulbi, generalmente in autunno per le piante che fioriscono in primavera e in primavera per quelle che fioriscono in estate.

Profondità di Piantagione

La profondità a cui i bulbi devono essere piantati nel terreno, variabile a seconda della specie, per assicurare una germinazione e crescita ottimali.

Raccolta dei Bulbi

Il processo di estrazione dei bulbi dal terreno dopo che il fogliame è appassito, in preparazione per la conservazione o la divisione.

Rotazione delle Colture

Una pratica agricola che prevede la variazione delle colture in un determinato campo per prevenire l'accumulo di parassiti e malattie e migliorare la salute del suolo.

Stoccaggio

La conservazione dei bulbi in condizioni ottimali (luogo fresco, asciutto e ben ventilato) fino al momento della piantagione successiva.

Succulente

Piante che hanno foglie, steli o radici carnose adattate per immagazzinare acqua. Anche se non strettamente legate ai bulbi, alcune piante bulbose possono avere caratteristiche succulente.

Trattamenti Preventivi

Applicazione di prodotti chimici o biologici per prevenire infestazioni di parassiti e malattie nei bulbi prima che si verifichino.

Tubero

Un fusto sotterraneo ingrossato che contiene riserve di nutrienti. Alcuni bulbi, come le dalie, formano tuberi che possono essere divisi per la propagazione.

Verde Fogliare

Le foglie verdi che emergono dal bulbo durante la fase di crescita vegetativa. È importante non rimuoverle finché non sono completamente appassite, poiché forniscono nutrienti al bulbo.

Zona di Resistenza

Una classificazione climatica che indica le temperature minime che una pianta può tollerare. Aiuta a determinare se una specie di bulbo è adatta a una particolare area geografica.

Ci auguriamo che questo libro sia stato una fonte di ispirazione e guida nel tuo viaggio nel meraviglioso mondo dei bulbi fioriti. La passione per il giardinaggio è un viaggio continuo di scoperta e apprendimento, e speriamo di averti fornito gli strumenti e le conoscenze necessarie per coltivare con successo queste piante straordinarie.

I bulbi, con la loro varietà di forme, colori e stagioni di fioritura, offrono infinite possibilità per creare giardini unici e spettacolari. Che tu sia un giardiniere esperto o un principiante, la cura e la dedizione che metti nel tuo giardino saranno sempre ricompensate con una fioritura vibrante e rigogliosa.

Vorremmo ringraziarti sinceramente per aver acquistato e letto questo libro. Il tuo supporto e il tuo interesse per la coltivazione dei bulbi sono ciò che rende possibile la continuazione della nostra ricerca e condivisione di conoscenze. Speriamo che le informazioni e i consigli contenuti in queste pagine ti abbiano fornito una base solida e abbiano arricchito la tua esperienza di giardinaggio.

Ricorda, il giardinaggio è tanto un'arte quanto una scienza, e ogni giardino è un'espressione unica del suo creatore. Continua a sperimentare, imparare e godere della bellezza che i bulbi fioriti possono portare al tuo spazio verde.

Grazie ancora per aver condiviso con noi questa passione. Buon giardinaggio!

www.ingramcontent.com/pod-product-compliance
Lightning Source LLC
Chambersburg PA
CBHW050101230526

45470CB00004B/1622